企业环境保护知识
百问百答

杨　勇　主编

中国劳动社会保障出版社

图书在版编目(CIP)数据

企业环境保护知识百问百答/杨勇主编．—北京：中国劳动社会保障出版社，2012

ISBN 978-7-5045-9800-4

Ⅰ.①企… Ⅱ.①杨… Ⅲ.①企业环境保护-问题解答 Ⅳ.①X322-44

中国版本图书馆 CIP 数据核字（2012）第 139509 号

中国劳动社会保障出版社出版发行

（北京市惠新东街 1 号　邮政编码：100029）

出 版 人：张梦欣

*

北京隆昌伟业印刷有限公司印刷装订　新华书店经销

880 毫米×1230 毫米　32 开本　5.375 印张　127 千字

2012 年 6 月第 1 版　2012 年 6 月第 1 次印刷

定价：16.00 元

读者服务部电话：010-64929211/64921644/84643933

发行部电话：010-64961894

出版社网址：http://www.class.com.cn

内容简介

本书列选了100个问题并给出了详细的答案，介绍了企业在生产与经济运行过程中普遍关心的有关环境保护的基础知识，主要内容包括环境保护的基础概念知识、国家对企业环境保护管理的有关制度要求、企业主要环境污染控制技术、环境监测的主要内容和方法、环境影响评价和环境管理体系简介以及清洁生产和循环经济基本常识等。

本书内容较为全面且通俗易懂，适合企业管理人员、从事环境保护管理的专业技术人员阅读使用，也可作为广大职工群众普及环境保护知识的教材。

前言

随着人类文明的不断进步，人类在生产和生活中排放的大量物质进入环境，达到一定的程度后使环境系统的结构与功能发生变化，对人类或其他生物的正常生存和发展产生不利影响，也就是通常所说的环境污染。环境污染涉及的地区广，人口多，人员组成复杂，受害人员包括青壮年、老、弱、病、残、幼，甚至胎儿。环境一旦被污染，要想恢复原状，费力大、代价高，而且很难实现，甚至还有重新污染的可能。因此，当前环境保护已经受到全世界各个国家或地区的重视，通过立法和制度管理，以达到人类生存的环境与经济、社会的和谐发展。

企业作为环境保护和监督管理工作的重点对象，不仅是各种污染物质排放最重要的源头之一，也是环境保护工作的基础，是环境管理工作的重中之重。产生环境污染和其他公害的单位，必须把环境保护工作纳入计划，建立环境保护责任制度；采取有效措施，防治在生产建设或者其他活动中产生的废气、废水、废渣、粉尘、恶臭气体、放射性物质以及噪声振动、电磁波辐射等对环境的污染和危害。环境保护不但是国家政府监督管理的重要工作之一，也需要企事业单位的负责人、相关工程技术人员以及广大职工群众的共同关注和参与。因此，《中华人民共和国环境保护法》要求：提高环境保护科学技术水平，普及环境保护的科学知识。

为此，中国劳动社会保障出版社出版了《企业环境保护知识百问百答》，以期对各类企事业单位普及环境保护知识、宣传贯彻国家环境保护制度和职工群众了解相关基础性常识作出一定的贡献。本书适合基层相关的行政干部、企业管理人员、企业相关负责人和专业技术人员，以及广大职工群众阅读使用。参加本书编写的人员有任彦斌、王怀宇、朴光洙、王有志、赵育、史永纯、孙超、刘松涛，由于时间仓促等原因，书中可能会存在一些错误或者不足之处，敬请广大读者批评指正。

目录

一、环境保护概述

1. 什么是资源？资源有哪些分类？

资源是指自然界和人类社会中一切可以用来创造物质财富和精神财富的、具有一定量的积累的客观存在形态。如森林资源、土地资源、海洋资源、矿产资源、石油资源、信息资源、人力资源等。

所谓资源是指一切可被人类开发和利用的物质、能量和信息的总称，它广泛地存在于自然界和人类社会中，是一种自然存在物或能够给人类带来财富的财富。资源不仅包括自然界中的各种资源，而且还包括人类劳动的社会、经济、技术等因素，如人力、人才、智力（信息、知识）等资源。

一般来说，资源包括自然资源和社会资源两大类。自然资源有狭义和广义两种理解。狭义的自然资源是指可以被人类利用的自然物。广义的自然资源则要延伸到这些自然物所赖以生存、演化的生态环境。最有代表性的解释由联合国环境规划署于1972年提出：“所谓自然资源，是指在一定时间条件下，能够产生经济价值以提高人类当前和未来福利的自然环境的总和。”

从资源的再生性角度可将自然资源划分为再生资源和非再生资源。再生资源是指在人类参与下可以重新产生的资源。例如农田为人类提供的农产品。再生资源有两类：一类是可以循环利用的资源，如太阳能、空气、雨水、风和水能、潮汐能等；另一类是生物资源。非再生资源（或耗竭性资源）的储量、体积可以测算出来，其质量也可以通过化学成分的质量分数来反映，如矿产资源。

再生资源和非再生资源的区分是相对的，如石油、煤炭是非再生资源，但它们却是古生物（古代动、植物）遗骸在地层中经物理、化学的长期作用变化的结果，这又说明两者之间可以转化，是物质不灭及能量守恒与转化定律的体现。

从资源利用的可控性角度可将自然资源划分为专有资源和共享资源。专有资源如国家控制、管辖内的资源，共享资源如公海、太空、信息资源等。按资源用途分类可划分为农业资源、工业资源和信息资源（含服务性资源）。按资源可利用状况分类可划分为现实资源、潜在资源、废物资源。其中，现实资源是指已经被认识和开发的资源；潜在资源是尚未被认识、或虽已认识却因技术等条件不具备还不能被开发利用的资源；废物资源是指传统被认为是废物，而由于科学技术的发展，又使其转化为可被开发利用的资源。

根据人类对自然资源的认知度，自然资源系统有如下主要特点：自然资源分布的不平衡性和规律性；自然资源的有限性和无限性（现实资源是有限的，但开发利用及转化是无限的）；自然资源的多功能性；自然资源的系统性。

社会资源是社会物质存在与运动关系的体现，不管它属于什么资源，能够被利用是作为资源的唯一标准。能否被利用显然与人对客观事物的认识有关，说明了人类的意识也是社会资源的一部分。社会资源包括的范围相当广泛，但不能脱离人类的活动。人类要生存、要发展就必须结成一定的组织，在这些组织中也势必会存在着一定的结构和机制，而每一种结构与机制都会存在一定的、内在的、本质的和必然的联系——社会资源便由此产生。动物界也存在自己的结构、机制，但由于是非人类的，所以不属于社会资源的范畴，而属于自然资源范畴。社会资源的产生与自然界有一定的关系，有时甚至相当密切，因为人类的生存离不开自然环境。

2. 什么是能源？能源有哪些分类？

能源又被称为能量资源或能源资源，是指可产生各种能量（如热能、电能、光能和机械能等）或可做功的物质的统称，包括能够直接取得或者通过加工、转换而取得有用能量的各种资源，如煤炭、原油、天然气、煤层气、水能、核能、风能、太阳能、地热能、生物质能等一次能源和电能、热能、成品油等二次能源，以及其他新能源和可再生能源。能源是发展农业、工业、国防、科技和提高人民生活水平的重要物质基础，是人类赖以生存和发展的重要资源，它的多寡深刻影响着经济和社会的发展以及人们的生活。能源利用的深度和广度是衡量一个国家或地区生产力水平的重要标志。随着经济的发展和人民生活水平的提高，能源的需求量会越来越多，必然会对环境质量产生极大影响。

能源种类繁多，根据不同的划分方式可分为不同的类型。

（1）按来源可分为来自地球外部天体的能源（主要是太阳能）、地球本身蕴藏的能源（如核能、地热能等）、地球和其他天体相互作用而产生的能源。

（2）按能源的基本形态可分为一次能源和二次能源。

（3）按能源性质可分为燃料型能源（如煤炭、石油、天然气、泥炭、木材等）和非燃料型能源（如水能、风能、地热能、海洋能）。

（4）根据能源消耗后是否造成环境污染可分为污染型能源（如煤炭、石油等）和清洁型能源（水能、电能、太阳能、风能以及核能等）。

（5）根据能源使用的类型分为常规能源（包括一次能源中的可再生的水力资源和不可再生的煤炭、石油、天然气等资源）和新型能源（是相对于常规能源而言的，包括太阳能、风能、地热能、海洋能、生物能以及用于核能发电的核燃料等能源）。

（6）人们通常按能源的形态特征或转换与应用的层次对它进行分类。世界能源委员会推荐的能源类型分为固体燃料、液体燃料、气体燃料、水能、电能、太阳能、生物质能、风能、核能、海洋能和地热能。

（7）按能源的商品性可分为商品能源和非商品能源。凡进入能源市场作为商品销售的如煤、石油、天然气和电等均为商品能源。国际上的统计数字均限于商品能源。非商品能源主要指薪柴和农作物残余（如秸秆等）。

（8）按能源能否再生可分为再生能源和非再生能源。人们对一次能源又进一步加以分类，凡是可以不断得到补充或能在较短周期内再产生的能源称为再生能源，反之称为非再生能源。风能、水能、海洋能、潮汐能、太阳能和生物质能等是再生能源；煤、石油和天然气等是非再生能源。地热能基本上是非再生能源，但从地球内部巨大的蕴藏量来看，又具有再生的性质。随着全球各国经济发展对能源需求的日益增加，现在许多发达国家都更加重视对再生能源、环保能源以及新型能源的开发与研究。同时随着人类科学技术的不断进步，人们会不断开发研究出更多新能源来替代现有能源，以满足全球经济发展与人类生存对能源的高度需求。地球上还有很多尚未被发现的新能源正等待人们去探寻与研究。

3. 什么是环境?

环境一词的本意是指周围的事物。周围是相对于中心而言的。环境科学以人类为中心。人类进行生产和生活的场所，即人类的生存环境，包括自然环境和社会环境。环境一词从哲学的角度讲，是指主体周围的客体。主体不同，客体也随之不同。环境一词在《中华人民共和国环境保护法》（以下简称《环境保护法》）中有明确规定：“本法所称环境，是指影响人类生存和发展的各种天然的和经过人工改造的自然因素的总体，包括大气、水、海洋、土地、矿藏、森林、草原、野生生物、自然遗迹、人文遗迹、自然保护区、风景名胜区、城市和乡村等。”环境是指对人类的生存和发展有明显影响的自然因素的总体，而不是人类周围的所有自然因素。随着人类社会的发展，环境概念也在发展，人类的生存环境也在不断扩展。因此，人们要用发展的、辩证的观点来认识环境。显而易见，环境具有整体性与区域性、变动性与稳定性、资源性与价值性等基本特征。

自然环境是人类周围的各种自然因素的总和，即自然界。它在人类出现以前便已出现，并经历了漫长的发展过程。人类的自然环境由空气、水、土壤、阳光、矿物质资源等各种非生物因素和动物、植物、微生物等生物因素，以及经过人工改造的因素（如各种建筑、设施等）组成。社会环境指人类的社会制度等上层建筑条件，包括社会的经济基础、城乡结构及与各种社会制度相适应的政治、经济、法律、宗教、艺术、哲学的观念与机构等。

环境要素是指构成环境整体的各个独立的、性质不同的组成部分，如水、大气、土壤、岩石、生物等。

4. 环境如何分类?

环境一般是按照环境的主体、范围、要素、人类对环境的利用、环境的功能进行分类的。

（1）按环境要素属性可分成自然环境和社会环境。自然环境是直接或间接影响到人类的一切自然形成的物质、能量和自然现象的总体，是人类及一切生物赖以生存的物质基础，也就是人们常说的水圈、大气圈、土壤圈、岩石圈和生物圈。在自然环境中，按照其主要的环境组成要素可以再分为大气环境、水环境（如海洋环境、湖泊环境等）、土壤环境、生物环境（如森林环境、草原环境等）、地质环境等。自然环境按照是否受人类影响可以分为原生自然环境和次生自然环境两类。原生自然环境是基本未受人类影响的环境，如极地、沙漠、原始森林等；次生自然环境是受到人类发展活动影响的环境，如次生林、天然牧场等。

社会环境又称人工环境，是指人类社会在长期的发展中，经过人类创造或者加工过的物质设施和社会结构，包括人工形成的物质、能量和精神产品以及人类活动中所形成的人与人之间的关系（或称上层建筑）。社会环境由综合生产力（包括人）、技术进步、人工建筑物、人工产品和能量、政治体制、社会行为、宗教信仰、文化与地方因素等组成。

（2）按环境的范围大小可分为空间环境、车间环境、生活区环境、城市环境、区域环境、全球环境和宇宙环境等。

（3）按人类生存的环境由小到大、由近及远可分为聚落环境、地理环境、地质环境和宇宙环境。

5. 环境有哪些特性?

环境的基本特性有环境的整体性与区域性、环境的变动性和稳定性以及环境的资源性与价值性。

（1）环境的整体性与区域性。环境的整体性是指人类与环境各要素构成一个整体。地球的任一部分或任何一个系统，都是人类环境的组成部分，各部分之间存在着紧密的相互联系、相互制约的关系。通过物质转换和能量流动以及相互关联的变化规律，在不同的时刻，呈现出不同的状态。局部地区的环境污染或破坏，总会对其他地区造成影响和危害。所以人类的生存环境及其保护，从整体上看是没有地区界限和国家界限的。环境的区域性是指整体特性的区域差异，即不同区域的环境有不同的整体特性。具体来说就是环境因地理位置的不同或空间范围的差异，会有不同的特性。环境的区域性不仅体现了环境在地理位置上的变化，还反映了区域社会、经济、文化和历史等的多样性。

（2）环境的变动性与稳定性。环境的变动性是指在自然过程和人类社会的共同作用下，环境的内部结构和外在状态始终处于变动之中。万物皆在运动，环境也不例外。事实上人类社会的发展历史就是人类与自然界相互作用的历史，也就是人类环境的结构和状态不断变化的历史。环境的稳定性是相对于其变动性而言的，是指环境系统具有在一定限度范围内自我调节的能力。即环境可以在一定限度内将人类活动引起的环境变化借助自身的调节功能减轻或抵消。环境的变动性和稳定性是相辅相成的，变动性是绝对的，稳定性是相对的。人类必须将自身活动对环境的影响控制在环境自我调节能力的限度内，使人类活动与环境变化的规律相适应，以使环境朝着有利于人类生存发展的方向变动。

（3）环境的资源性和价值性。环境的资源性是指环境就是一种资源。环境提供了人类生存所必需的物质和能量，如果环境中的物质和能量供应不足或者不平衡，会危及人类社会的生存发展，因此说环境是人类社会存在和发展的基本物质条件。环境的价值性源于环境的资源性，是由其生态价值和存在价值组成的。环境是人类社会生存和发展所不可缺少的，具有不可估量的价值。但认为环境资源是取之不尽、用之不竭的是错误的，这是引发环境严重污染和生态破坏的主要原因。

6. 能源的利用对环境有哪些影响?

能源与环境问题是人类生存与生活的永恒主题。能源是现代生活的重要物质基础，随着经济社会的发展，人们对各种能源的使用数量逐年增长。能源在给人们带来效益的同时，也在开发、利用、加工、运输的过程中给环境带来不利的影响。环境保护是每个企业、公民应尽的职责。

（1）化石原料开采对环境的影响。煤炭在开采和加工过程中会引起矿井地表的沉陷，露天开采除占用大量土地外，对地表水、地下水也会造成污染，煤矿会产生酸性矿井水污染水体和土壤、产生的瓦斯气体除了污染环境外，还会对井下作业的工人身体健康和生命安全造成危害，洗煤厂排放的煤泥水对环境产生不利影响，煤炭的液化和气化过程会产生大量的污染物污染环境。

石油在勘探和开采过程中产生的泥浆会对周围的水域、农田造成不良影响，产生的含油污水会污染海洋、淡水水域和土壤，炼油厂产生的废渣也会造成水体、土壤的污染，产生的石油废气会造成大气污染。

天然气在开采过程中排放的硫化物和伴生盐水会污染空气和水体。

（2）水力发电对环境的影响。水力发电会在自然、水体的物化性质、生态平衡、社会经济等四个方面对环境产生不利的影响。

（3）核能对环境的影响。目前全世界运行中的核电站已达430座，在建的核电站有130多座，核能在全世界能源中所占的比例为10%，预计2020年将达到30%。发展核能技术，尽管在反应堆方面已有了安全保障，但核废料的最终处理仍没有完全解决，核污染对环境的破坏和对人体健康的影响是巨大的。

7. 什么是环境污染?

（1）环境污染。随着人类文明的不断进步，人类在生产和生活中排放大量的物质进入环境，达到一定的程度，使环境系统的结构与功能发生变化，对人类或其他生物的正常生存和发展产生不利影响的现象，称为环境污染。引起环境污染的物质被称为环境污染物。按照环境污染物的性质，环境污染可以分为化学污染、物理污染、生物污染。按照环境要素，环境污染可以分为水环境污染（简称水污染）、大气环境污染（简称大气污染）、土壤环境污染（简称土壤污染）等。按照人们生产活动的类型，可以将污染物分为生产性污染物、生活性污染物和放射性污染物。

（2）环境污染源。环境污染源即污染物的发生源，也可称之为污染的来源。通常将能够产生物理的（如声、光、热、辐射、淤泥沉积等）、化学的（各类单质、无机物及有机物）、生物的（如霉菌、细菌、病毒等）有害物质的设备、装置、场所等，称为污染源。污染源可以分为工业污染源、交通运输污染源、农业污染源、生活污染源。

8. 环境污染有哪些特点?

（1）影响范围大。环境污染涉及的地区广，人口多，人员组成复杂，可以包括青壮年、老、弱、病、残、幼，甚至胎儿。

（2）作用时间长。接触者长时间不断地暴露在被污染的环境中，每天可达24 h。

（3）污染物浓度低。环境中经常是多种污染物并存，联合作用于人体。一方面由于污染物受到大气、水体等的稀释使浓度降低，对人体不会产生强烈的刺激作用，使人思想麻痹。另一方面由于污染物种类繁多，可能产生复杂的转化、代谢、降解和富集等联合作用，形成复合效应。多种污染物同时作用于人体不是各污染物的毒性相加，而是各污染物单独效应的累积，表现为拮抗作用或协同作用，即两种污染物联合作用时，一种污染物能减弱或加强另一种污染物的毒性。

（4）污染容易治理难。环境一旦被污染，要想恢复原状，费力大、代价高，而且难以奏效，甚至还有重新污染的可能。如重金属和难以降解的有机氯农药污染土壤后，会长期残留，去除相当困难。

9. 什么是环境问题?

环境问题是指由于人类活动作用于周围环境所产生的环境质量的变化以及这种变化反过来对人类的生产、生活和健康产生影响的问题。自然灾害如地震、火山喷发、台风、洪水、旱灾、海啸等，虽然会对人类的生存和发展产生不利的影响，但不是此处讨论的环境问题。

环境问题随着社会的发展有很大的变化。原始社会因生产力水平低下，人口稀少，人类对环境影响微小，环境问题主要是由于过度采集和狩猎，毁灭了生活区附近的许多物种，破坏了人类食物来源，在当地失去了进一步获得食物的可能性，使自己的生存受到了威胁，人类为了生存被迫迁徙。农业社会人类活动以种植业和养殖业为主，其环境问题主要是对土地的破坏，如水土流失、草场退化、沼泽化等。人类进入工业社会以后，环境问题以工业生产产生的污染为主，如大气污染、水体污染、土壤污染、固体废物污染、噪声污染等。在20世纪50—60年代，出现了环境问题的第一次高潮。随着科学技术、工业生产、交通运输的迅猛发展，特别是石油工业的崛起，工业分布过分集中，城市人口过分密集，环境污染由局部逐步扩大到区域，由单一的大气污染扩大到气体、水体、土壤和食品等各方面的污染，其中典型的环境污染事件有八大公害事件，见表1。

表1　世界八大公害环境污染事件

序号	名称	国家	时间	事件经过
1	马斯河谷烟雾事件	比利时	1930年12月	马斯河谷地带分布着三个钢铁厂、四个玻璃厂、三个炼锌厂和炼焦、硫酸、化肥等许多工厂。1930年12月初，在两岸耸立90 m高山的峡谷地区，出现了大气逆温层，浓雾覆盖河谷，工厂排到大气中的污染物被封闭在逆温层下，不易扩散，浓度急剧增加，造成大气污染事件。一周内几千人受害发病，60人死亡，为平时同期死亡人数的10.5倍，市民中心脏病、肺病患者的死亡率增高，家畜死亡率也大大增高。发病症状有流泪、喉痛、胸痛、咳嗽、呼吸困难等。推断当时大气二氧化硫浓度为25 ~ 100 mg/mL

续表

序号	名称	国家	时间	事件经过
2	多诺拉烟雾事件	美国	1948年10月	美国宾夕法尼亚州多诺拉镇是一个两岸耸立着100 m高山的马蹄形河谷，盆地中有大型炼钢厂、硫酸厂和炼锌厂。1948年10月，该镇发生轰动一时的空气污染事件，这个小镇当时只有14 000人，4天内就有5 900人因空气污染而患病，20人死亡。推断二氧化硫及其氧化物与大气粉尘结合，使大气产生严重污染
3	伦敦烟雾事件	英国	1952年12月	伦敦位于泰晤士河开阔河谷中，1952年12月5—9日，几乎在英国全境有大雾和逆温层。伦敦上空因受冷高压影响，出现无风状态和60～150 m低空逆温层，使从家庭和工厂排出的燃煤烟尘被封盖滞留在低空逆温层下，导致4天时间4 000人死亡，两个月后又有8 000多人死亡
4	洛杉矶光化学烟雾事件	美国	1955年	美国洛杉矶市有350多万辆汽车，每天有超过1 000 t烃类、30 t氮氧化合物和4 200 t一氧化碳排入大气中，在太阳光紫外线作用下产生光化学烟雾，发生光化学反应，生成一种浅蓝色光化学烟雾，造成许多人眼睛红肿、咽炎、呼吸道疾病恶化乃至思维紊乱、肺水肿。在1955年的一次事件中，仅65岁以上老人就死亡400人
5	水俣事件	日本	1953—1979年	熊本县水俣湾地区自1953年以来出现一种怪病，病人开始面部呆痴、全身麻木、口齿不清、步态不稳，进而耳聋失聪，最后精神失常、全身弯曲、高叫而死。还出现“自杀猫”“自杀狗”等怪现象。截至1979年1月受害人数达1 004人，死亡206人。到1956年才揭开谜底，是某工厂排出的含汞废水污染了水俣海域，鱼贝类富集了水中的甲基汞，人或动物吃鱼贝后，引起中毒或死亡

续表

序号	名称	国家	时间	事件经过
6	富3山事件	日本	1955—1965年	1955年后，在日本富山通川两岸发现一种怪病，发病者开始手、脚、腰等全身关节疼痛，几年后，骨骼变形易折，周身骨骼疼痛，最后病人饮食不进，在疼痛中死去或自杀。到1965年年底，近100人因“骨痛病”死亡。到1961年才查明是由于当地铝厂排放含镉废水，人吃了受镉污染的大米或饮用含镉的水而患病
7	四日市事件	日本	1955—1972年	四日市是一个以“石油联合企业”为主的城市。1955年以来，工厂每年排到大气中的粉尘和二氧化硫总量达13万t，使这个城市终年烟雾弥漫。居民支气管炎、支气管哮喘、肺气肿及肺癌等呼吸道疾病的患病率较高，称为“四日气喘病”。截至1972年，日本全国患这种病的人高达6 376人
8	米糠油事件	日本	1968年	1968年在九州发现一种怪病，病人开始眼皮肿、手掌出汗、全身起红疙瘩，严重时恶心呕吐、肝功能降低，慢慢地全身肌肉疼痛、咳嗽不止，有的引起急性肝炎或医治无效而死。该年7—8月患者达5 000人，死亡16人。这是由于一家工厂在生产米糠油的工艺过程中，使多氯联苯混入油中，造成食油者中毒或死亡

20世纪80年代以后出现了第二次环境问题高潮。环境问题由区域性的环境污染与生态破坏，演变为全球性的问题，引起了世界各国的普遍关注。这时的环境问题主要有三种：一是全球性的广域性的环境污染，如大气污染的温室效应、臭氧层破坏和酸雨，淡水资源的枯竭与污染；二是大面积生态破坏，如生物多样性锐减、大面积森林毁坏、草场退化、土壤侵蚀和沙漠化；三是突发性的严重污染事件和化学品的污染及越境转移。

现在全球性环境问题主要是生态环境破坏问题、环境污染问题、人口问题、环境干扰问题等，集中表现为大气污染超标、温室效应与全球气候变暖、酸雨、臭氧层破坏、土地荒漠化、水资源短缺与水污染严重、海洋生态危机、森林面积锐减、物种消失加剧、有害废物的越境转移、混乱的城市化、城市垃圾成灾。

10. 什么是温室效应？温室效应有哪些危害？

温室效应是一种自然现象。太阳光透过大气层被地球表面吸收，地球将吸收的热量以长波辐射回大气，被二氧化碳、水汽、甲烷、氧化亚氮、氟氯烃（又称氟利昂）等这些温室气体吸收，使大气增温，地球表面温度保持在15℃左右，这就是温室效应。地球的温室效应现象保护着地球上所有的生命。

进入20世纪以来，由于人类大量使用矿物燃料，矿物燃料燃烧所排放的二氧化碳，占排放总量的70%，绿色植物的光合作用可大量吸收二氧化碳，森林滥伐毁坏的结果不仅使光合作用减弱，而且通过焚烧树木，增加了二氧化碳的排放。大气中二氧化碳的浓度由19世纪中叶的260～280 cm^3/m^3增加到20世纪80年代的340 cm^3/m^3，据预测至21世纪中叶还可能达到600 cm^3/m^3。二氧化碳可让太阳光透射，并大量吸收大气表层和地表能生热的红外辐射，从而使低层大气温度升高。大气中二氧化碳等温室气体含量的增加，将使地球表面的能量平衡发生改变，就会在地球表面上空形成一座“玻璃温室”，使地球变暖。温室效应将使全球气候变暖，由此会造成很多影响，例如改变降雨和蒸发体系，增加台风、飓风及洪水发生的频率和强度，海平面升高、农作物减产及物种灭绝等，改变大气环流，进而影响海洋水流，冰川融化海平面上升，富营养区的迁移、海洋生物的再分布等。预测表明，如果大气中二氧化碳浓度增加1倍，全球温度将上升3～5℃，而到21世纪中后期，大气中二氧化碳浓度完全可以翻一番。据政府间气候委员会（IPCC）对全球气候变化判断，21世纪全球气温每10年将上升0.3℃，到2050年，全球气温将上升1℃；海平面每年上升6 cm，到2070年，海平面将上升65 cm，许多处于低海拔的沿海城市和地区、岛国等将面临灭顶之灾。

11. 什么是臭氧层？臭氧层破坏会带来哪些危害？

在大气圈平流层底部，有一个臭氧浓度相对较高的小圈层，这个顶部距地面35 km，底部距地面15 km的小圈层即为臭氧层。臭氧层的厚度换算成标准状况仅为0.3 cm，质量仅占大气质量的百万分之一。臭氧层具有非常强烈的吸收紫外线的功能，能吸收99%的来自太阳的对生物有害的紫外线，保护了人类和生物免遭紫外线辐射的伤害，减少人类白内障和皮肤癌等疾病的发生，提高人体的免疫力。臭氧层有“地球保护伞”之称。

人类活动排入大气的氟氯烃（氟利昂）及氮氧化物等化学物质与臭氧发生作用，导致了臭氧的损耗，破坏了臭氧层。自1958年对臭氧层进行观察以来，人类发现高空臭氧层有减少的趋势。据新华社报道，美国宇航局利用地球观测卫星上的“全臭氧测图分光计”测定，2000年9月3日在南极上空的臭氧层空洞面积已达2 830万km^2，相当于美国领土面积的3倍，而1998年9月19日测得臭氧层空洞面积为2 720万km^2。因此，用“天破了”来形容臭氧层的破坏并不过分，这意味着有更多的紫外线射到地面。科学家预言，到2050年，即使不考虑在南北极上空的特殊云层，在高纬度地区，臭氧的消耗量也将达4%～12%。这就意味着停止使用氯氟烃和其他危害臭氧层的物质刻不容缓。臭氧层的破坏使太阳紫外线对地球辐射增强，引起白内障和皮肤癌等许多疾病，还能降低人体的抵抗能力，抑制人体免疫系统的功能，还使农作物减产，光化学烟雾严重，海洋生态平衡受影响。

12. 什么是酸雨？酸雨会带来哪些危害？

酸雨又称酸沉降，是指pH值小于5.6的天然降水（湿沉降）和酸性气体及颗粒物的沉降（干沉降）。二氧化硫和氮氧化物是形成酸雨的主要物质。美国测定的酸雨成分中，硫酸占60%，硝酸占32%，盐酸占6%，其余是碳酸和少量有机酸。酸雨主要是人类生产活动和生活造成的，属于二次污染物。

酸雨的危害主要是破坏森林生态系统、改变土壤性质和结构、破坏水体生态系统、腐蚀建筑物和损害人体的呼吸系统和皮肤。酸雨使土壤酸化，肥力降低，有毒物质毒害作物根系，杀死根毛，导致作物发育不良或死亡。土壤酸化会破坏土壤结构，影响植物生长，可使一些有毒的金属离子溶出，这些离子可使人体致病，如水中铝离子浓度的增加并在人体中累积可使人类发生早衰和老年痴呆症。中北欧、美国、加拿大已出现明显的土壤酸化现象。酸雨对森林的危害在许多国家已普遍存在，造成森林生态系统衰退和森林衰败，许多国家受酸雨影响的森林面积在20%～30%。

目前，全球已形成三大酸雨区。当前酸雨最集中、面积最大的地区是欧洲、北美和中国。全球因降雨来源的硫沉降最高的地区是欧洲、美洲中部和中国西南部，硫沉降高的其他地区有北美、俄罗斯和亚洲环太平洋地区。中国广东、广西、四川、贵州等地已是十雨九酸，华东地区的青岛、南京，北方的天津、沈阳也是受到酸雨危害较严重的地区。在我国，由南至北，酸雨灾区呈扩大之势。

13. 近年我国面临的环境污染问题主要有哪些方面？

①水资源短缺。中国水资源分布是东南多西北少，沿东、

中、西三条线路，分别从长江下游、中游和上游地区引水到北方地区，实施南水北调工程。黄河下游地区自20世纪70年代起，断流现象几乎每年发生，而且断流的时间越来越长。②洪涝灾害严重。洪涝灾害发生区域主要集中在南方，而缺水又多集中在北方。③水污染的河流不断增加。国家环境保护部的一项调查表明，我国131条流经城市的河流中，严重污染的有36条，重度污染的有21条，中度污染的有38条。④水土流失严重。如长江带入东海的泥沙每年达6亿t，输沙量已达黄河的1/3。⑤大气污染严重。大气污染的主要污染物是二氧化硫和烟尘，这是由我国的能源结构造成的，煤炭约占我国能源消耗的75%，空气污染属煤烟型。⑥土地荒漠化严重，中国耕地面积不足，是世界上荒漠化危害最严重的国家之一。我国受荒漠化影响的土地面积约为333万km^2，占国土总面积的1/3，且仍以每年2 300 km^2的速度推进，近4亿人口受到荒漠化威胁，极大地制约了当地的经济发展和人民生活水平的提高。

根据近几年来国家环境保护部发布的中国环境状况公报，在经济增长基本保持7%的情况下，每年全国环境质量总体有所恶化，但恶化程度减缓。七大江河水系均受到不同程度的污染，一半以上的监测断面属于V类和劣V类水质，城市及其附近河段污染严重。滇池、太湖和巢湖富营养化问题依然突出，东海和渤海近岸海域污染严重，城市空气质量基本稳定，颗粒物污染范围较广，城市空气质量满足国家二级标准、三级标准和超过三级标准的城市比例各占1/3，酸雨区范围和污染程度稳定，南方地区酸雨污染较重，酸雨控制区内90%以上的城市出现了酸雨。多数城市受到轻度噪声污染。2006年中国主要污染物排放不降反升，平均每两天发生一起突发性环境事故，群众环境投诉和中央领导对环境问题的批示比2005年分别增加了三成和52%，2006年单位GDP能耗较2005年下降了1.23%。这一现象远远背离了中央在

“十一五”规划中提出的“每年节能4%，减排2%”的目标。中国环境形势仍然相当严峻，各项污染物排放总量很大，污染程度仍处于相当高的水平，一些地区的环境质量仍在恶化，相当多的城市水、气、声、土壤环境污染仍较严重，农村环境质量有所下降、生态恶化加剧的趋势尚未得到有效遏制，部分地区生态破坏的程度还在加剧。

目前普遍认为，中国主要环境问题有：大气污染日益加剧，水域污染加剧，垃圾围城现象普遍，噪声污染普遍超标，水土流失难以遏制，土地荒漠化不断扩展，濒危物种生存环境缩小，水资源呈现短缺，耕地资源逐年减少，森林资源供不应求。

14. 什么是环境承载力?

环境承载力（CC）是在某一时期、某种状态或条件下，某地区的环境所能承受的人类活动作用的阈值。所谓“能承受”是指不影响环境系统正常功能的发挥。环境承载力是用以限制发展的一个最常用概念。环境承载力最早在生态学中用以衡量某一特定地域维持某一物种最大个体数目的潜力，现在则广泛用于说明环境或生态系统所能承受发展和特定活动能力的限度。环境承载力意味着人们应该在对环境造成的总的冲击与人们所估计的地球环境承受能力之间留有足够的安全余地，因为尽管人们知道环境存在着某种顶极的界限，但人们并不可能真正达到这个顶极。

环境承载力一般包括生产过程赖以进行的资源；人们对生活水平的期望，包括物质需求和服务需求；生产原材料和生活用品分配方式及提供服务的基础设施；环境对生产和消费过程中产生的废物的同化能力。环境承载力的大小可以以人类活动作用的方向、强度和规模来加以反映。不同地区、不同人群开发活动水平将对该地区的环境产生不同程度的影响。开发强度不够，社会生产力低下，会直接影响人民群众的生活水平，开发强度过大，又会影响、干扰以致破坏人类赖以生存的环境，反过来会制约社会生产力。因此，人类必须掌握环境系统的运动变化规律，了解发展中经济与环境相互制约的辩证关系，在开发活动中做到发展生产与保护环境相协调，既要高速发展生产，又不破坏环境，或是经过人工改造，使环境朝着人类进步的方向发展，促使人类文明不断提高，自然资源永续利用。

一个城市的资源与环境综合承载力可由一系列相互制约又相互对应的发展变量和制约变量构成，包括自然资源变量，如水资源、土地资源、矿产资源、生物资源的种类、数量和开发量；社会条件变量，如工业产值、能源、人口、交通、通信等；环境资源变量，如水、气、土壤的自净能力。

15. 环境保护是如何定义的?

环境保护就是运用环境科学的理论和方法，合理地利用自然资源，采取行政的、法律的、经济的、科学技术的多方面的措施，防止环境污染和破坏，以求保持和发展生态平衡，扩大有用自然资源的再生产，促进经济与环境协调发展，保护人类健康生产生活，保证人类社会的可持续发展。环境保护是协调人类与环境的关系、解决各种问题、保护和改善环境的一切人类活动，其涉及的范围广、综合性强，除涉及自然科学和社会科学的许多领域外，还有其独特的研究对象。

根据《环境保护法》的规定，环境保护的内容包括保护自然环境、防治污染和其他公害两个方面。也就是说，要运用现代环境科学的理论和方法，在更好地利用自然资源的同时，深入认识、掌握污染和破坏环境的根源和危害，有计划地保护环境，恢复生态，预防环境质量的恶化，控制环境污染，促进人类与环境的协调发展。

环境保护的目的是随着社会生产力的进步，在人类征服自然的能力和活动不断增加的同时，运用先进的科学技术，研究破坏生态系统平衡的原因，研究人为的原因对环境的影响和破坏，寻找避免和减轻破坏环境的途径和方法，化害为利，为人类造福。

实践证明，人类改造自然、发展生产，必须同时注意自然界的“报复”，注意发展生产给包括人类在内的整个生态系统所带来的影响，且不能超过某一限度。环境保护就是要明确提出这一限度，通过宣传使大家认识这一限度，以政策、法律形式做出具体规定，并尽力实施这些规定，否则人类的生存环境就会遭到破坏。

16. 环境保护有哪些重要意义?

我国的环境形势相当严峻，尽管全国环境污染恶化的趋势总体上开始得到控制，污染物排放总量问题得到了解决，工业污染源达标排放和重点城市环境质量达标工作也取得显著进展，部分地区和城市环境质量有所改善，但由于我国现在达到的治理污染的标准是初级的，各项污染物的排放总量仍然很大，环境形势仍然相当严峻。

我国水体污染严重、水资源短缺，辽河、海河、淮河、黄河、松花江、珠江、长江河流有机污染物量普遍偏高，主要湖泊水体富营养化严重。我国城市环境污染严重，大部分城市存在水源、大气、城市垃圾和噪声严重污染。近年来，发生了一系列生态事件，如黄河断流、长江洪水、荒漠化以及危及半个中国的沙尘暴，大自然在报复，生态环境告急。

环境保护是我国的一项基本国策，我国政府运用行政的、法律的手段来保护人类赖以生存的环境，使人类与环境和谐促进。环境保护就是要修复、治理和防止环境污染的进一步恶化，还人类一个美好的生存、生活空间，让天更蓝，让水更清，让山更绿。

由于经济发展和历史的原因，我国的环境保护工作与工业发达国家相比起步较晚，早期只是在保护自然环境和开发利用自然资源的过程中，形成了一些环境保护的意识。新中国成立后，党和政府采取了有力措施，开展了以除害灭病、改善环境卫生为主要内容的爱国卫生运动。对老城市进行改造，建设了大量市政公用基础设施，改善了城市居民的居住和生活条件，同时又建成了一批新兴城市。在建设中注意了全面规划、合理布局，并在选址、设计和施工时，考虑了风向、水源地等环境因素，部分工程还设置了治理污染的设施。1978年3月5日，五届人大一次会议通过的《中华人民共和国宪法》（以下简称《宪法》）明确规定：国家保护环境和自然资源，防治污染和其他公害。1979年9月13日，五届人大常委会第十一次会议原则通过了《环境保护法（试行）》，并予以颁布。1989年12月26日第七届人大常委会第十一次会议通过了《环境保护法》，并从公布日起施行。该法的颁布标志着我国环境保护法制建设跨进了新阶段。新的《环境保护法》把在实践中行之有效的制度和措施以法律的形式固定下来，这就形成了由环保专门法律、国家法规和地方法规相结合的环保法律、法规体系。

17. 我国环境保护的主要工作思路是什么？

我国的环境保护工作原则是预防为主、防治结合、综合治理。预防为主、防治结合、综合治理原则，是指采取各种预防措施，防止环境问题的产生和恶化，或者把环境污染和破坏控制在能够维持生态平衡、保护人体健康和社会物质财富及保障经济社会持续发展的限度之内。这一原则明确了预防与治理的关系，指出了治理环境污染和生态破坏的主要方式和途径。具体的工作体现在四个方面。

（1）加大污染治理力度，切实解决突出的环境问题。重点是加强水污染、大气污染、土壤污染防治。

（2）加强自然生态保护，努力扭转生态恶化趋势。一方面，控制不合理的资源开发活动；另一方面，坚持不懈地开展生态工程建设。

（3）加快经济结构调整，从源头上减少对环境的破坏，大力推动产业结构优化升级，形成一个有利于资源节约和环境保护的产业体系。

（4）加快发展环境科技和环保产业，提高环境保护的能力。加强环境保护工作，要加强领导，落实任务，从八个方面采取有效措施。一是落实环境保护责任制。地方政府要对环境质量负总责，将环保目标纳入经济社会发展评价范围和干部政绩考核。从2006年开始，每半年公布一次各地区和主要行业的能源消耗、污染物排放情况。要建立环保工作问责制。二是实行污染物排放总量控制制度。各地都要制订污染物排放总量控制计划，并层层分解，落实到基层和重点排污单位，不得突破。三是加强对建设项目的环境影响评价。凡是不符合国家环保法律、法规和标准的建设项目，不得审批或核准立项，不得批准用地，不得给予贷款。四是制定区域开发和保护政策。根据不同地区资源环境承载能力，规范国土空间开发秩序。五要加大环境执法力度。建立完备的环境执法监督体系，有法必依、执法必严、违法必究，严厉查处环境违法行为和案件。六是用改革的办法解决环境问题，注重运用市场机制促进环境保护，建立能够反映污染治理成本的排污价格和收费机制，完善生态补偿机制。七是进一步增加环保投入。要把环境保护投入作为公共财政支出的重点，保证环保投入增长幅度高于经济增长速度。八是不断加强环保监管能力建设。建立先进的环境监测预警体系，切实提高突发环境事件的处置能力，加强环保队伍建设。要大力开展环境宣传教育，增强全民环保意识，在全社会形成保护环境的良好氛围。

18. 我国环境保护法规体系主要是由哪些内容构成的?

环境保护法规体系（以下简称环境法）虽然出现的时期不长，但由于其与人类生存和发展密切相关而得到了迅速发展。迄今为止，各国均已制定和颁布了大量的环境法律、法规，进行了多种理论研究，形成了独立的法律体系。环境法律体系的形成，也是环境法能够区别于其他法律部门并取得独立地位的重要条件。

我国的环境法体系的纵向结构又称环境法的效力体系，是根据环境法制定机关，按照不同的效力或层次而划分的环境法的内部结构，主要由以下几部分内容组成：

（1）《宪法》。《宪法》中关于环境保护的条款是制定其他环境法的法律依据。《宪法》由全国人大制定，它具有最高法律效力，一切法律、行政法规、地方性法规、自治条例、单行条例、规章都不得同《宪法》相抵触。

（2）环境保护法律、其他法律。环境保护法律、其他法律由全国人大及人大常委会制定，由国家主席签署主席令予以公布，法律效力高于行政法规、地方性法规、规章。

（3）我国签署的环境保护国际公约。根据我国《宪法》有关规定，经全国人大常委会或国务院批准参加的国际条约、公约和议定书与国内法具有同等法律效力。但《环境保护法》第46条规定，如遇国际公约与国内法有不同规定时，应优先适用国际公约的规定，但我国声明保留的条款除外。

（4）环境保护行政法规。国务院根据《宪法》和法律制定的环境保护行政法规，由总理签署国务院令予以公布。行政法规的法律效力高于地方性法规、规章。

（5）环境保护部门规章。环境保护部门规章由国务院环境、资源保护行政主管部门或有关部门发布，它们有的由环境、资源保护行政主管部门单独发布，有的由几个有关部门联合发布，是以有关环境法律、行政法规、决定、命令为根据，在权限范围内制定的规章。部门规章由部门首长签署命令予以公布，由部务会议或者委员会会议决定。

（6）环境保护地方性法规。环境保护地方性法规由省、自治区、直辖市、省会城市、自治区首府所在市和较大城市的人大及其常委会制定。地方性法规效力高于本级和下级地方人民政府规章。环境保护地方性法规在本行政辖区内适用。

（7）环境保护地方政府规章。环境保护地方政府规章由省、自治区、直辖市、省会城市、自治区首府所在市和较大城市的政府制定，经政府常务会议或者全体会议决定，并由省长、自治区主席或者市长签署命令予以公布，在本行政区域内适用。

（8）环境保护标准。环境保护标准是为了保护人体健康，促进生态良性循环，实现社会经济发展目标，根据国家的环境政策和法规，在综合考虑本国自然环境特征、社会经济条件和科学技术水平的基础上规定的环境中污染物的允许含量和污染源排放污染物的数量、浓度、时间和速率以及有关技术规范。

19. 《环境保护法》的主要内容包括哪些方面？

1989年12月颁布的《环境保护法》是我国的环境保护基本法。该法是1979年《环境保护法（试行）》经修订后重新颁布的。

作为一部综合性的基本法，它对环境保护的重要问题作了全面的规定。

（1）规定了环境法的任务是为了保护和改善生活环境与生态环境，防治污染和其他公害，保障人体健康，促进社会主义现代化建设的发展。

（2）规定了环境保护的对象是那些直接或间接地影响人类生存和发展的环境要素的总体，包括大气、水、海洋、土地、矿藏、森林、草原、野生生物、自然遗迹、人文遗迹、自然保护区、风景名胜区、城市和乡村等。

这样的列举规定把生活环境和生态环境全部纳入了保护范围，从而确定了环境保护的完整对象。

（3）规定了我国的环境保护应采取的基本原则和制度。如将环境保护纳入经济和社会发展计划，实行经济发展与环境保护相协调的原则；预防为主、防治结合、综合治理的原则；污染者付费、利用者补偿、开发者保护、破坏者恢复的原则；国家专门机关管理与群众参与相结合的原则；环境影响评价制度、“三同时”制度、排污收费制度、限期治理制度等。

（4）规定了保护自然环境的基本要求和开发利用环境资源者的法律义务。如对有代表性的自然生态区域、珍稀野生动植物分布区域、重要水源涵养区，以及重要的自然遗迹和人文遗迹，要采取有效保护措施，严禁破坏；在风景名胜区、自然保护区内不得建设污染型工业企业，已经建成的要限期治理。加强对农业环境的保护，防止土壤污染、沙化和水土流失等。

（5）规定了防治环境污染的基本要求和相应的义务。如产生环境污染和其他公害的单位，必须把环境保护纳入计划，建立环境保护责任制，采取有效措施，防治废水、废气、废渣、粉尘、放射性物质、噪声、震动、恶臭等对环境的污染和危害；对严重污染企业限期治理；禁止引进不符合环境保护要求的技术和设备；发生环境污染事故或突发性事件要采取措施处理并报告环境保护部门；县级以上环境保护部门在环境受到严重污染、威胁居民生命、财产安全时，必须立即报告当地人民政府，以便采取有效措施；对有毒化学品实行严格登记和管理；不得将产生严重污染的生产设备转移给没有污染防治能力的单位使用等。

（6）规定了中央和地方环境管理机构对环境进行监督管理的权限和义务。

（7）规定了一切单位和个人都有保护环境的义务，对污染和破坏环境的单位和个人，有监督、检举和控告的权利。

（8）规定了违反环境法的法律责任，即行政责任、民事责任和刑事责任。

《环境保护法》的颁布，对于促进我国环境法体系的完备，加强我国的环境管理，起了重要作用。但是，《环境保护法》已颁布20多年，我国的社会、经济情况发生了很大变化，大部分已颁布的环境与资源保护单行法都已经作了修改，作为基本法的《环境保护法》也必将进行修订。

二、企业环境保护管理制度

20. 什么是预防为主、防治结合、综合治理原则？

预防为主、防治结合、综合治理原则，是指采取各种预防措施，防止环境问题的产生和恶化，或者把环境污染和破坏控制在能够维持生态平衡、保护人体健康和社会物质财富及保障经济社会持续发展的限度之内。这一原则明确了预防与治理的关系，指出了治理环境污染和生态破坏的主要方式和途径。

预防为主，是指在环境管理中通过规划以及各种管理手段，采取防范性措施，尽可能避免环境损害或者将其消除在生产过程中，做到防患于未然。采取预防为主的方针是非常重要的，其原因有两点。

（1）环境污染和破坏一旦发生，往往难以消除和恢复，甚至具有不可逆转性。例如：重金属的污染、地下水的污染就很难消除；由于植被破坏造成的水土流失、土壤沙漠化或者物种的灭绝，也很难恢复或者根本无法恢复。这种状况将给人类健康和经济社会发展造成严重危害和威胁。

（2）环境污染和破坏后，再进行治理，从经济上来说是最不合算的，往往要耗费巨额资金。如日本琵琶湖治理工程，是国际上湖泊治理的著名工程，已用了30多年，投资180多亿美元，但目前水质改善仍不明显；中国滇池被污染后花费巨额资金进行治理，但也未取得良好效果。

防治结合，是指立足于预防的同时，对已造成的环境污染和生态破坏，采取措施积极治理。防是立足于预先控制产生环境问题的根源；治则是着眼于解决已经出现的环境问题，因而也是实施预防原则所不可少的。把防和治有机地结合起来，在预防中及时治理，在治理中加强预防，这才是有效控制环境污染和生态破坏、保护和改善环境的根本途径。

综合治理，是指从整体利益出发，正确处理防和治，单项治理与区域、流域治理的关系，采取多种方式和途径相结合的办法，以整治环境污染和破坏，以求用较小的投入取得较大的效益，并提高治理效果。由于环境污染和破坏是由许多复杂因素所造成的，所以采取单一治理的办法一般投入较高且难以达到预期效果。因此，解决环境问题，必须在坚持预防为主的同时，采取各种措施和多种手段进行综合治理，把防治环境污染和生态破坏同经济社会发展结合起来，把治理污染同强化管理结合起来，做到以管促治。

全面贯彻落实预防为主、防治结合、综合治理的原则，对有效地控制新污染和破坏的产生，综合治理老污染和破坏，使我国的环境保护工作由消极应付转为积极防治，实现经济效益、社会效益和环境效益相统一等，都具有重要的意义。

21. 什么是开发者保护、污染者治理的原则？

开发者保护，是指开发利用自然资源的单位和个人，不仅有依法开发自然资源的权利，而且负有恢复、整治、保护环境和自然资源的责任。

《宪法》第9条关于“国家保障自然资源的合理利用，保护珍贵的动物和植物。禁止任何组织和个人用任何手段侵占或者破坏自然资源”和第10条关于“一切使用土地的组织或者个人必须合理地利用土地”的规定，以及《环境保护法》《中华人民共和国水法》《中华人民共和国矿产资源法》《中华人民共和国草原法》等有关规定，都体现了谁开发谁保护的原则。

污染者治理，是指对环境造成污染危害的单位或者个人有责任对其污染源和被污染的环境进行治理，并承担治理费用。实行污染者治理原则，可以推动排污者积极治理污染，促进企业加强管理和进行技术改造，还可为环境污染治理筹集资金。

《环境保护法》第24条规定："产生环境污染和其他公害的单位，必须把环境保护工作纳入计划，建立环境保护责任制度；采取有效措施，防治在生产建设或者其他活动中产生的……对环境的污染和危害。"第28条规定："排放污染物超过国家或者地方规定的污染物排放标准的企业事业单位，依照国家规定缴纳超标准排污费，并负责治理。"2000年9月1日修订实施的《中华人民共和国大气污染防治法》（以下简称《大气污染防治法》）更进一步完善了这一原则。该法规定："向大气排放污染物的，其污染物排放浓度不得超过国家和地方规定的排放标准。""国家实行按照向大气排放污染物的种类和数量征收排污费的制度……""征收的排污费……按照国务院的规定用于大气污染防治。"此外，《中华人民共和国水污染防治法》（以下简称《水污染防治法》）、《中华人民共和国环境噪声污染防治法》（以下简称《环境噪声污染防治法》）、《中华人民共和国固体废物污染环境防治法》（以下简称《固体废物污染环境防治法》）、《中华人民共和国海洋环境保护法》（以下简称《海洋环境保护法》）等法律都确认了这一原则。

全面贯彻落实开发者保护、污染者治理的原则，对于促进企业、事业单位合理开发利用自然资源，提高资源综合利用率，推动企业、事业单位加强环境管理，积极治理环境污染和生态破坏，引导企业、事业单位全面推行清洁生产，减少污染物的排放量等，都具有重要的意义。

22. 什么是公众参与原则?

公众参与原则是指在环境保护中，任何单位和个人都享有平等参与环境管理、环境决策的权利。

环境质量的好坏，直接关系到每个人的生活质量，关系到一个民族的生存和发展。保持清洁、舒适、优美的环境，既是人们的愿望，也符合人民的利益。人们既享有在良好的环境中生活、依法参与环境资源管理的权利，同时，也有保护和改善环境资源的义务。《关于环境与发展的里约宣言》强调了公众参与的重要性。该宣言的原则十规定了公众参与的原则，明确提出："环境问题最好是在全体有关市民的参与下，在有关级别上加以处理。在国家一级，每一个人都应能适当地获得公共当局所有的关于环境的资料，包括关于在其社区内的危险物质和活动的资料，并应有机会参与各项决策进程。各国应通过广泛提供资料来便利及鼓励公众的认识和参与。应让人人都能有效地使用司法和行政程序，包括补偿和补救程序。"

环境保护事业是千千万万人的事业，环境法制建设需要每一位社会成员自觉努力。为此，必须动员全社会的力量，充分发挥人民群众的主动性、积极性和创造性。在环境法上将公众参与作为一项基本原则就是要在环境法制建设过程中充分注意环境保护的广泛性特征，在各项法律制度的制定、执行及实施过程中注重发挥人民群众的作用，赋予公民参与环境保护的各项权利，形成公众参与的机制，将环境保护事业建立在公众广泛参与、支持、监督的基础之上，将公众参与作为我国民主建设的一个重要组成部分。

公众参与环境行政许可听证是指以环境保护行政主管机关作为听证组织机关，依法律规定或因其审议的重大环境许可事项涉及公共利益而依职权启动，或者依环境行政许可申请人或利害关系人的依法申请而启动听证程序，听证组织机关指派专人主持听取审查该环境行政许可申请的工作人员和申请人、利害关系人就事实和证据进行陈述、质证、辩论的法定程序。原国家环境保护总局于2004年6月23日发布，并于2004年7月1日起施行了《环境保护行政许可听证暂行办法》。

该办法施行以来，全国各地已经举行了许多适用该暂行办法而举行的听证会，如2004年8月13日举行的“北京西上六输电线路工程电磁辐射污染环境影响评价行政许可听证会”、2004年10月19日举行的“山东省平度市‘美食一条街’项目环境保护行政许可听证会”、2004年11月30日举行的“大连西部通道环境影响评价报告书审批听证会”等。

民间组织和环境保护志愿者是环境保护公众参与的重要力量，据不完全统计，目前我国非政府环境保护组织已经突破3 500家。政府应加大环境宣传力度，提高公众的环境意识，让更多的公众自觉组织、参加到民间的环境保护组织中来，壮大民间环境保护组织的队伍，提高民间环境保护组织的知名度，加强其社会影响。作为政府机关，要对大部分积极健康的民间环境保护组织予以支持引导。如：对各类环境保护组织进行专业培训；多层次地搭建政府与公众座谈、对话的平台，联合民间环境保护组织和各界人士开展合作社会公益活动，就重要的公共政策进行专门的解释与沟通等。

23. 企业环境监督员的职责有哪些？

企业环境监督员制度是指在特定企业设置负责环境保护的企业环境管理总负责人和具有掌握环境基本法律和污染控制基本技术的企业环境监督员，规范企业内部环境管理机构和制度建设，通过建立企业环境管理组织架构和规范企业环境管理制度，全面提高企业的自主环境管理水平，推动企业主动承担环境保护的社会责任。《环境保护法》第24条规定："产生环境污染和其他公害的单位，必须把环境保护工作纳入计划，建立环境保护责任制度。"《建设项目竣工环境保护验收管理办法》《建设项目环境保护设计规定》《污染源自动监控管理办法》《环境统计管理办法》《排放污染物申报登记管理规定》等办法及规定中也提出了有关设立环境管理机构、配备负责环境管理的人员、健全企业内部环境管理规章制度的要求。

企业环境监督员既应掌握国家环境政策法规和一定的环境科学知识，又要熟悉本单位的生产工艺、设备、生产管理和排污状况，能找准存在的环境问题，提出科学、有效的改进方案，督促企业实施改进方案，为企业生产减污增效。经过专业训练的企业环境监督员工作在企业的环境管理第一线，出现环境污染事故时，能在第一时间赶到第一现场进行应急处理。企业环境监督员是企业的一名员工，所提建议和要求容易被采纳，容易在企业内建立适宜企业生产的环境保护工作机制，推动企业全员参与环境保护。企业环境监督员是连接环境行政主管部门和企业的桥梁和纽带。充分发挥企业环境监督员的作用，有利于缓解当前环境执法力量薄弱、执法取证难的矛盾，有效化解污染纠纷，是当前环境管理制度的重要补充。

企业环境监督员的职责是：

①负责制订并监督实施企业的环境保护工作计划和规章制度。

②负责企业污染减排计划实施和工作技术支持，协助污染减排核查工作。

③协助组织编制企业新建、改建、扩建项目环境影响报告及"三同时"计划，并予以督促实施。

④负责检查企业产生污染的生产设施、污染防治设施及存在环境安全隐患设施的运转情况，监督各环境保护操作岗位的工作。

⑤负责检查并掌握企业污染物的排放情况。

⑥负责向环境保护部门报告污染物排放情况、污染防治设施运行情况、污染物削减工程进展情况以及主要污染物减排目标实现情况，报告每季度不少于一次。接受环境保护部门的指导和监督，并配合环境保护部门监督检查。

⑦协助开展清洁生产、节能节水等工作。

⑧组织编写企业环境应急预案，对企业突发性环境污染事件及时向环境保护部门汇报，并进行处理。

⑨负责环境统计工作。

⑩负责组织对企业职工的环境保护知识培训。

24. 什么是环境影响评价制度？其主要有哪些内容？

依照《中华人民共和国环境影响评价法》（以下简称《环境影响评价法》）第2条的规定，环境影响评价是指对规划和建设项目实施后可能造成的环境影响进行分析、预测和评估，提出预防或者减轻不良环境影响的对策和措施，进行跟踪监测的方法与制度。环境影响评价制度则是指有关环境影响评价的范围、内容、编制、审批环境影响报告书（表）、登记表的程序等一系列法律规定的总称。

建立和实施环境影响评价制度，对于贯彻预防为主的原则，推进产业合理布局和企业的优化选址，加强环境管理，预防开发建设、经济发展规划等活动可能产生的环境污染和破坏，提高公众的环境意识，调动公众参与环境保护的积极性，实现环境保护同经济建设协调发展等，都具有重要的意义。

环境影响评价制度首创于美国，是由美国的柯威尔教授提出的。1969年，美国《国家环境政策法》把环境影响评价作为联邦政府在环境管理中必须遵循的一项制度。以后被很多国家采用。

为了适应市场经济发展的要求，在总结我国近20年实施环境影响评价制度实践经验的基础上，国务院于1998年11月发布了《建设项目环境保护管理条例》，提出了对建设项目实行分类管理，并进一步完善了建设项目环境影响评价报告书（表）的申报、批准程序及法律责任，使环境影响评价制度的法律地位得到进一步提升。

但是，随着经济活动范围和规模的不断扩大，区域开发、自然资源开发利用以及产业化发展所造成的环境影响越来越突出，尤其是有关政策和规划所带来的各种环境问题已成为影响我国可持续发展的重大课题。为了解决以往单纯对建设项目进行环境影响评价已适应不了全面保护环境和可持续地利用自然资源的需要，同时为了提升环境影响评价制度的法律地位，必须制定一部完整的环境影响评价法。2002年10月28日，第九届全国人大常委会第三十次会议通过了《环境影响评价法》，首次以专门立法的形式确立了环境影响评价制度。

《环境影响评价法》第一次将环境影响评价的范围从以往单纯建设项目进行环境影响评价拓展到对规划进行战略环评，并强化了公众参与环境影响评价的民主决策机制，明确规定环境影响评价的跟踪评价与后评价制度，从而进一步完善了我国的环境影响评价体系，为从源头上采取防治措施，促进环境与经济、社会协调发展，开创环境影响评价工作的新局面，全面贯彻实施可持续发展战略提供了有力的法律依据。

2009年8月17日，国务院总理温家宝签署国务院令，公布了《规划环境影响评价条例》，该条例于2009年10月1日起施行。条例包括六章三十六条，旨在加强对规划的环境影响评价工作，提高规划的科学性，从源头预防环境污染和生态破坏，促进经济、社会和环境的全面协调可持续发展。

根据《环境影响评价法》的规定，凡从事对环境可能造成不良影响的建设项目，都必须依法执行环境影响评价制度。建设项目是指：固定资产投资方式进行的一切开发建设活动，包括国有经济、城乡集体经济、联营、股份制、外资、港澳台投资、个体经济和其他各种不同经济类型的开发活动。按计划管理体制，建设项目可分为基本建设、技术改造、房地产开发（包括开发区建设、新区建设、老区改造等）和其他共四个部分的工程和设施建设。

建设项目所处环境的敏感性质和敏感程度，是确定建设项目环境影响评价类别的重要依据。建设涉及环境敏感区的项目，应当严格按照有关规定确定其环境影响评价类别，不得擅自提高或者降低环境影响评价类别。环境影响评价文件应当就该项目对环境敏感区的影响作重点分析。

环境敏感区是指依法设立的各级各类自然、文化保护地，以及对建设项目的某类污染因子或者生态影响因子特别敏感的区域，主要包括：自然保护区、风景名胜区、世界文化和自然遗产地、饮用水水源保护区；基本农田保护区、基本草原、森林公园、地质公园、重要湿地、天然林、珍稀濒危野生动植物天然集中分布区、重要水生生物的自然产卵场及索饵场、越冬场和洄游通道、天然渔场、资源型缺水地区、水土流失重点防治区、沙化土地封禁保护区、封闭及半封闭海域、富营养化水域；以居住、医疗卫生、文化教育、科研、行政办公等为主要功能的区域，文物保护单位，具有特殊历史、文化、科学、民族意义的保护地。

根据《环境影响评价法》第17条规定，建设项目的环境影响报告书的内容包括以下几个方面：建设项目概况；建设项目周围环境现状；建设项目对环境可能造成影响的分析、预测和评估；建设项目环境保护措施及其技术、经济论证；建设项目对环境影响的经济损益分析；对建设项目实施环境监测的建议；环境影响评价的结论。涉及水土保持的建设项目，还必须有经行政主管部门审查同意的水土保持方案。

《环境影响评价法》规定了规划编制机关、规划审批机关、建设单位、建设项目审批单位、环评机构、环评审批机关和主管机关违反环境影响评价制度的法律责任，具体参见表2。

表2　　违反环境影响评价制度的法律责任

违法行为	处罚依据	处罚种类、幅度	执法主体
1. 规划编制机关在组织环境影响评价时弄虚作假或者有失职行为，造成环境影响评价严重失实的	《环境影响评价法》第29条	对直接负责的主管人员和其他直接责任人员，依法给予行政处分	上级机关或者监察机关
2. 规划审批机关对依法应当编写有关环境影响的篇章或者说明而未编写的规划草案，依法应当附送环境影响报告书而未附送的专项规划草案，违法予以批准的	《环境影响评价法》第30条	同上	同上
3. 建设单位未依法报批建设项目环境影响评价文件，或者未按规定重新报批或者报请重新审核环境影响评价文件，擅自开工建设的	《环境影响评价法》第31条	（1）责令停止建设，限期补办手续；逾期不补办手续的，可以处五万元以上二十万元以下的罚款 （2）对建设单位直接负责的主管人员和其他直接责任人员，依法给予行政处分	（1）有权审批该项目环境影响评价文件的环境保护行政主管部门 （2）上级机关或者监察机关
4. 建设项目环境影响评价文件未经批准或者未经原审批部门重新审核同意，建设单位擅自开工建设的	《环境影响评价法》第31条	（1）责令停止建设，可以处五万元以上二十万元以下的罚款 （2）对建设单位直接负责的主管人员和其他直接责任人员，依法给予行政处分	同上
5. 建设项目依法应当进行环境影响评价而未评价，或者环境影响评价文件未经依法批准，审批部门擅自批准该项目建设的	《环境影响评价法》第32条	对直接负责的主管人员和其他直接责任人员，依法给予行政处分；构成犯罪的，依法追究刑事责任	上级机关或者监察机关

续表

违法行为	处罚依据	处罚种类、幅度	执法主体
6. 评价机构在环境影响评价工作中不负责任或者弄虚作假，致使环境影响评价文件失实的	《环境影响评价法》第33条	降低其资质等级或者吊销其资质证书，并处所收费用1倍以上3倍以下的罚款；构成犯罪的，依法追究刑事责任	授予环境影响评价资质的环境保护行政主管部门
7. 负责预审、审核、审批建设项目环境影响评价文件的部门在审批中收取费用的	《环境影响评价法》第34条	责令退还；情节严重的，对直接负责的主管人员和其他直接责任人员依法给予行政处分	上级机关或者监察机关
8. 环境保护行政主管部门或者其他部门的工作人员徇私舞弊，滥用职权，玩忽职守，违法批准建设项目环境影响评价文件的	《环境影响评价法》第34条	依法给予行政处分；构成犯罪的，依法追究刑事责任	同上

25. 什么是“三同时”制度？其主要有哪些内容？

“三同时”制度是指对环境有影响的一切新建、改建、扩建的基本建设项目、技术改造项目、区域开发项目或自然资源开发项目，其防治污染和生态破坏的设施，必须与主体工程同时设计、同时施工、同时投产使用的法律规定。

“三同时”制度是我国环境管理实践经验的总结，是我国所独创的一项重要的环境保护法律制度。它与环境影响评价制度相结合，有效地贯彻预防为主的原则，落实开发建设活动对环境产生影响的防治措施，防止新的环境污染和生态破坏的产生，并根据以老带新的原则，促进老污染源的治理，保证建设项目建成后达标排放或不对周围环境造成破坏。因此，严格贯彻执行“三同时”制度，对于加强建设项目的环境管理，有效地控制新污染源，促进老污染源的治理，防止生态破坏，改善环境质量具有重要意义。

“三同时”制度在不同阶段有不同的要求。

（1）设计阶段。建设单位在建设项目投入施工前，必须向环境保护行政主管部门提交初步设计中的环境保护篇章。环境保护篇章应当包括：环境保护措施的设计依据；环境影响报告书（表）及审批规定的各项要求和措施；环境保护设施及简要工艺流程、预期效果；对资源开发引起的生态变化所采取的防范措施、绿化设计、监测手段；环境保护投资概算等。施工图必须按照已批准的初步设计文件及其环境保护篇章所确定的各种措施的要求设计。

（2）施工阶段。建设单位与施工单位应将环境保护工程纳入施工计划、建设进度，做好环境保护工程施工组织工作。保证环境保护设施施工所需要的资金、材料供应，负责落实环境保护行政主管部门对施工阶段的要求。

（3）竣工验收阶段。建设项目竣工后，建设单位必须按照《建设项目环境保护管理条例》和《建设项目竣工环境保护验收管理办法》的规定，做到环境保护设施的竣工验收与主体工程同时进行。

建设项目竣工后，环境保护验收范围包括：与建设项目有关的各项环境保护设施，包括为防治污染和保护环境所建成或配套的工程、设备、装置和监测手段，各项生态保护设施；以及环境影响报告书（表）、环境影响登记表和有关项目设计文件规定应采取的其他各项环境保护措施。

《环境保护法》和《建设项目环境保护管理条例》规定了建设单位违反“三同时”制度的法律责任，具体参见表3。

表3　　违反“三同时”制度的法律责任

违法行为	处罚依据	处罚种类、幅度	执法主体
1. 试生产建设项目需要配套建设的环境保护设施未与主体工程同时投入试运行的	《建设项目环境保护管理条例》第26条	责令限期改正；逾期不改正的，责令停止试生产，可以处五万元以下的罚款	审批该建设项目环境影响报告书（表）、登记表的环境保护行政主管部门
2. 建设项目投入试生产超过3个月，建设单位未申请环境保护设施竣工验收的	《建设项目环境保护管理条例》第27条	责令限期办理环境保护设施竣工验收手续；逾期未办理的，责令停止试生产，可以处五万元以下的罚款	同上
3. 建设项目需要配套建设的环境保护设施未建成、未经验收或者经验收不合格，主体工程正式投入生产或者使用的	《建设项目环境保护管理条例》第28条	责令停止生产或者使用，可以处十万元以下的罚款	同上
4. 未经环境保护行政主管部门同意，擅自拆除或者闲置防治污染的设施，污染物排放超过规定的排放标准的	《环境保护法》第37条	责令重新安装使用，并处罚款	环境保护行政主管部门

26. 什么是排污申报登记制度？其主要有哪些内容？

排污申报登记制度，是指向环境排污者，必须依照法定程序向环境保护行政主管部门申报其污染物的排放及防治情况，提供有关技术资料，并接受监督管理的法律规定的总称。

实行排污申报登记制度，对于环境保护行政主管部门全面掌握本辖区内排污单位的排污情况，为环境保护规划的制定及环境保护工作重点的确定提供科学依据，及时掌握污染隐患，以便及时采取预防措施，防止环境污染与破坏事故的发生，依据排污单位申报登记的数据（经核定后）按时征收排污费等，都具有重要意义。

排污申报登记制度的主要内容有四个方面。

（1）排污申报登记的适用对象。排污申报登记适用于在中华人民共和国领域内及中华人民共和国管辖的其他海域内直接或者间接向环境排放污染物、工业和建筑施工噪声或者产生固体废物的企业事业单位。其中，污染物是指废水、废气和其他有害环境的物质。但是，生活废水、废气、噪声和垃圾除外，即不需要申报登记。排放放射性废物的单位，应履行特殊的申报登记手续。

（2）排污申报登记的内容。包括：在正常情况下排放污染物的种类、数量、浓度（强度）、排放去向、排放地点、排放方式；拥有的污染物排放设施和处理设施（处理场所）；有关防治污染的技术资料；排放污染物超过排放标准的原因及限期治理措施；排放污染物的种类、数量、浓度等发生重大改变的情况；拆除或闲置污染物处理设施的理由；限期治理项目的治理进展情况等。

（3）排污申报登记工作程序。包括填报登记表、审核注册、变更、注销等四步。

填报登记表。排污单位必须依照所在地环境保护行政主管部门指定的时间，填报排污申报登记表，并按要求提供必要的资料。新建、改建、扩建项目的排污申报登记，应在项目的污染防治设施竣工并经验收合格后一个月内办理；建筑施工噪声的申报登记，应当在工程开工15日前向当地环境保护行政主管部门申报；需要拆除或者闲置污染物处理设施的，必须提前向所在地环境保护部门申报，说明理由。环境保护部门接到申报后，应当在一个月内予以批复，逾期未批复的，视为同意拆除或闲置。

审核注册。排污单位填写的排污申报登记表，经其行业主管部门审核后向所在地环境保护行政主管部门登记注册，领取排污申报登记注册证。

变更。排污单位申报登记后，排放污染物的种类、数量、浓度、排放去向、排放地点、排放方式、噪声源种类、数量和噪声强度、噪声污染防治设施或者固体废物的储藏、利用或处置场所等需作重大改变的，应在变更前15天，经行业主管部门审核后，向所在地环境保护行政主管部门履行变更申报手续，征得所在地环境保护行政主管部门的同意，填报排污变更申报登记表；发生紧急重大改变的，必须在改变后三天内向所在地环境保护行政主管部门提交排污变更申报登记表。

注销。排污单位终止营业的，应当在终止营业后一周内向所在地环境保护行政主管部门办理注销登记，并交回排污申报登记注册证。

（4）环境保护行政主管部门的职责。环境保护行政主管部门在实施排污申报登记制度中，应履行以下职责：接受申报、审核登记表，经审核符合条件的应及时予以批复或予以注册发证；加强对排污单位的监督检查，及时提出防治污染、达标排放建议及要求；综合分析排污数据资料，向有关部门报告，并建立排污申报登记档案或数据库。

《环境保护法》《大气污染防治法》《水污染防治法》等法律明确了排污单位违反排污申报登记制度的法律责任，具体参见表4。

表4　违反排污申报登记制度的法律责任

违法行为	处罚依据	处罚种类、幅度	执法主体
1. 拒报或谎报排污申报登记事项的	《环境保护法》第35条	给予警告或者处以罚款	环境保护行政主管部门
	《大气污染防治法》第46条	责令限期改正，给予警告或者处以五万元以下罚款	
	《水污染防治法》第72条	责令限期改正，逾期不改正的，处一万元以上十万元以下的罚款	
	《固体废物污染环境防治法》第68条	责令限期改正，处五千元以上五万元以下的罚款	
2. 未经环境保护行政主管部门同意，擅自拆除或者闲置污染物处理设施（视为未申报的）	《环境保护法》第37条	责令重新安装使用，并处罚款	环境保护行政主管部门
	《大气污染防治法》第46条	责令限期改正，给予警告或者处以五万元以下罚款	

27. 什么是排污许可证制度？其主要有哪些内容？

所谓环境保护行政许可，是指环境保护行政主管部门根据行政相对人的申请，依照法定程序审查，准予从事某项须经许可的行为。在法律上，环境保护行政许可表现为认可、承认、登记等，并通常以证书的形式表现。证书包括环境保护行政机关批准、核发的许可证、资格证书、注册证书、批准证书、批复等各种形式的证件和文书。

目前，我国环境保护法中规定的许可证主要有：排污许可证，海洋倾废许可证，危险废物经营、转移许可证，核设施建造、运行许可证，化学危险物品生产、经营许可证，放射性药品生产、经营、使用许可证，林木采伐许可证，采矿许可证，勘探许可证，取水许可证，捕捞许可证，特许猎捕证，驯养繁殖许可证，建设用地许可证和建设工程规划许可证等。在同一种许可证中，还可根据不同的标准进行分类。如在海洋倾废许可证中，根据其有害物质和毒性含量及对海洋环境的影响等因素，可分为紧急许可证、特别许可证和普通许可证三种。

许可证制度，在环境保护领域中，是指环境管理相对人在从事对环境有害或可能有害的活动之前，必须向环境保护行政主管部门提出申请，经准许发给许可证后，方可从事该活动的法律规定。许可证制度是环境保护行政许可行为的法制化、制度化，是环境保护行政机关有效进行环境监督管理的重要手段。

排污许可证制度，是指向环境排放污染物的单位或个人，事先必须向环境保护行政主管部门提出申请，经审查批准领取许可证后，按照排污许可证所规定的条件排放污染物的一项法律规定。

排污许可证制度是我国正在逐步推行的一项具有科学化、定量化、目标化性质的有效的环境保护监督管理手段。其核心是确定污染物总量控制目标和分配污染物总量的削减指标，通过颁发许可证的形式对单位或个人的排污行为进行控制。对不超过排放标准或总量控制指标的单位，发给排污许可证；对超过排放标准或超过总量控制指标的，发给临时排污许可证。

修订后的《水污染防治法》在排污许可证制度和规范排污行为方面有不少创新。一是对于排污许可证制度，修订后的《水污染防治法》第20条规定，直接或者间接向水体排放工业废水和医疗污水以及其他按照规定应当取得排污许可证方可排放废水、污水的企业、事业单位，应当取得排污许可证；二是城镇污水集中处理设施的运营单位也应当取得排污许可证；三是禁止企业、事业单位无排污许可证或者违反排污许可证的规定向水体排放法律规定废水、污水。

根据有关环境保护法律、法规的规定，排污许可证制度的主要内容包括四个方面。

（1）排污申报登记。排污申报登记是排污许可证的基础工作。排污单位必须在指定的时间内，向当地环境保护行政主管部门办理排污申报登记手续，并提供防治污染方面的技术资料。

（2）核定排污量。县级以上人民政府按照本地区的环境容量确定污染物总量控制指标，或者以某一年该地区污染物排放总量为基础确定污染物排放削减总量，并通过经济、技术可行性分析和优化方案比较，核定各排污单位的污染物允许排放量。

（3）审核、发放排污许可证。环境保护行政主管部门收到排污单位填报的排污申报登记表后，经审查、核实，对不超过排放标准或者不超出排污总量控制指标的排污单位，颁发排污许可证；对超过排放标准或者超出排污总量控制指标的排污单位，颁发临时排污许可证，并限期削减排污量。对跨越省（区、市）界区的排污单位、特殊性质的排污单位、特大型建设项目，其排污许可证和临时排污许可证需报国务院环境保护行政主管部门审查核准污染物排放量。

（4）排污许可证的监督与管理。排污单位必须严格按照排放许可证的规定排放污染物，并按规定向当地环境保护行政主管部门变更本单位的排污情况；持有临时排污许可证的单位，必须定期向当地环境保护行政主管部门报告削减排放量的进度情况，经削减达到排污总量控制指标的单位，可向当地环境保护行政主管部门申请排污许可证。

28. 什么是排污收费制度？其主要有哪些内容？

排污收费是指国家环境保护行政主管部门依照环境保护法的规定，对于向环境排放污染物或者超过国家或地方排放标准排放污染物的排污者征收一定数额的费用。排污收费制度，是关于征收排污费的对象、范围、标准以及排污费的征收、使用、管理等法律规定的总称。

排污收费制度是强化环境管理的一种经济手段，其目的是为了促进排污者加强经营管理，节约和综合利用资源，改善环境。现行的排污收费制度体现了污染者负担原则和环境资源价值理论，又结合了我国的实际情况。它是利用价值规律，通过征收排污费，给排污者以外部的压力，将排污情况与排污者的经济效益、社会形象直接挂钩，因而具有如下重要意义和作用：利用经济杠杆调节经济发展与环境保护的关系，促使排污者力求经济效益、社会效益、环境效益的统一；有利于促使排污者加强经营管理，进行技术改造，开展废物综合利用，推行清洁生产，提高资源、能源利用率，减少污染物的排放；为国家治理环境污染、改善环境质量开辟了一条重要的专项资金渠道，利于增强国家防治环境污染和生态破坏的能力；可以利用专项资金加强污染防治新技术、新工艺的研究、开发、示范和应用，促进环境保护产业的发展。

2002年1月30日，国务院第54次常务会议通过了《排污费征收使用管理条例》，2003年7月1日起施行。该条例公布后，原国家环境保护总局于2003年出台了相配套的部门规章，如《排污费征收标准管理办法》《关于排污费征收核定有关工作的通知》《排污费资金收缴使用管理办法》《排污费征收标准及计算办法》《关于减免及缓缴排污费有关问题的通知》《关于环境保护部门实行收支两条线管理后经费安排的实施办法》等，从而建立了一整套完整的符合市场经济要求的排污费征收使用管理体系。

（1）征收排污费的对象。《排污费征收使用管理条例》第2条规定：直接向环境排放污染物的单位和个体工商户，应当依照条例的规定缴纳排污费。这一规定，将征收排污费的对象，从原来的企业、事业单位扩大到直接向环境排放污染物的所有单位和个体工商户。同时，《排污费征收使用管理条例》又作了限制性规定，即排污者向城市污水集中处理设施排放污水、缴纳污水处理费用的，不再缴纳排污费。

（2）排污收费项目。根据《排污费征收标准管理办法》第3条规定，排污收费项目包括四大类型：污水排污费、废气排污费、固体废物及危险废物排污费、噪声超标排污费。

（3）征收排污费的程序。根据《排污费征收使用管理条例》和《关于排污费征收核定有关工作的通知》的规定，征收排污费应遵循如下程序：申报登记；审核；核定；公告及排污费的缴纳。

《关于排污费征收核定有关工作的通知》第6条规定，各级环境监察机构应当按月或按季根据排污费征收标准和经核定的排污者排放污染物种类、数量，确定排污者应当缴纳的排污费数额，并予以公告；排污费数额确定后，由环境监察机构向排污者送达排污费缴纳通知单（试行）；排污者应当自接到排污费缴纳通知单（试行）之日起7日内，到指定的商业银行缴纳排污费；逾期未缴纳的，负责征收排污费的环境监察机构从逾期未缴纳之日起7日内向排污者下达排污费限期缴纳通知书（试行）。

《环境保护法》《排污费征收使用管理条例》《排污费资金收缴使用管理办法》规定了排污单位违反排污收费制度的法律责任，具体参见表5。

表5　　违反排污收费制度的法律责任

违法行为	处罚依据	处罚种类、幅度	执法主体
1. 拒绝缴纳排污费或超标排污费的	《排污费征收使用管理条例》第21条	责令限期缴纳；逾期拒不缴纳的，处应缴纳排污费数额1倍以上3倍以下的罚款，并报经有批准权的人民政府批准，责令停产停业整顿	县级以上地方人民政府环境保护行政主管部门
2. 排污者以欺骗手段骗取批准减缴、免缴或者缓缴排污费的	《排污费征收使用管理条例》第22条	责令限期补缴应当缴纳的排污费，并处所骗取批准减缴、免缴或者缓缴排污费数额1倍以上3倍以下的罚款	同上
3. 环境保护专项资金使用者不按照批准的用途使用环境保护专项资金的	《排污费征收使用管理条例》第23条	责令限期改正；逾期不改正的，10年内不得申请使用环境保护专项资金，并处挪用资金数额1倍以上3倍以下的罚款	同上
4. 排污者在规定期限内未足额缴纳排污费的	《排污费资金收缴使用管理办法》第22条	责令限期缴纳，并从滞纳之日起加收2‰的滞纳金	同上

29. 什么是限期治理制度？其主要有哪些内容？

限期治理制度，是指对长期超标排放污染物、造成环境严重污染的排污单位和在特殊保护区域内超标排污的已有设施，经人民政府决定，环境保护行政主管部门监督其在一定期限内治理并达到规定要求的法律规定的总称。

我国环境保护的实践证明，实施限期治理制度，对于集中有限的资金解决突出的环境问题，推动企业积极治理污染，改善流域、区域环境质量状况，都具有十分重要的意义。

2009年7月8日，环境保护部发布了《限期治理管理办法（试行）》，自2009年9月1日起施行。根据最新修订的《水污染防治法》《限期治理管理办法（试行）》对限期治理适用情形、决定权限、治理期限、部门职责以及法律后果，做出了具体、明确的规定，对于进一步规范限期治理工作、提高环境执法能力具有重要意义。通过《限期治理管理办法（试行）》的贯彻实施，对督促排污单位在限期内治理现有污染源，纠正水污染物处理设施与处理需求不匹配的状况，推动水污染物"工程减排"，必将提供强有力的法律保障。

综合现有有关环境法律、法规的规定，限期治理的基本适用对象主要为五类单位。

（1）造成严重污染的单位。这是该制度诞生以来最基本的适用范围。有关法律还进一步设定了限制条件。如《环境噪声污染防治法》第17条规定：只有对"在噪声敏感建筑物集中区域内造成严重环境噪声污染的企业事业单位"，才能适用限期治理。

关于"严重污染"的判断依据，原国家环境保护总局1996年8月23日曾以《关于对经限期治理逾期未完成治理任务的单位进行处罚问题的复函》（环法［1996］696号）做过专门解释。该函明确提出了"关于企业事业单位严重污染环境的判断依据"的四项基本指标为："环境保护部门在判断过程中，应以排污单位排放污染物的超标情况作为主要依据，同时还应综合考虑排污单位所在区域的环境功能及其容量、排污单位排放污染物的特性及其对人体健康和环境造成的危害、排污周围居民对污染的反映及其他有关情况。"

（2）特殊保护区内的排污设施。根据国家有关环境法律和行政法规的规定，在国务院、国务院有关主管部门和省级政府划定的饮用水源保护区、风景名胜区、自然保护区和其他需要特别保护的区域内，已经建成并且排污超标的设施，应当限期治理。

（3）排放污染物超过标准的单位。根据《大气污染防治法》第48条、《水污染防治法》第74条、《海洋环境保护法》第12条规定，排污单位只要超标排污，不管是否造成严重污染都可以要求其限期治理。

（4）排放重点污染物超过总量控制指标的单位。《水污染防治法》第74条规定，重点污染物排放量超过总量控制指标的，限期治理。

（5）未完成排污削减任务的单位。如《海洋环境保护法》第12条规定，对在行政机关规定的期限内未完成污染物排放削减任务的单位，应当限期治理。

环境保护行政主管部门应当根据完成限期治理任务的实际需要，合理确定限期治理期限。根据《水污染防治法》第74条的规定，限期治理的期限最长不超过1年。但完全由于不可抗力的原因，导致被限期治理的排污单位不能按期完成治理任务的除外。环境保护行政主管部门不得通过重复下达限期治理决定等方式，变相延长限期治理期限。

30. 什么是限期淘汰制度？其主要有哪些内容？

限期淘汰制度，是指国家以防止环境污染、生态破坏和调整产业结构为目的，定期公布浪费资源、严重污染环境的落后生产技术、工艺、设备和产品的名录，并限期禁止其生产、销售、进口、使用或转让的规定的总称。

近几年来，我国为了降低污染负荷和资源、能源消耗，实现工业企业达标排放，通过一系列的法律文件规定了限期淘汰制度，关闭、取缔了一大批污染严重的小企业。实践证明，实行限期淘汰制度，对于促进经济结构的调整，减少环境污染，改善环境质量具有十分重要的意义。

《大气污染防治法》和《水污染防治法》都规定：国务院经济综合主管部门会同国务院有关部门公布限期禁止采用的严重污染大气或水环境的工艺名录和限期禁止生产、禁止销售、禁止进口、禁止使用的严重污染大气或水环境的设备名录。生产者、销售者、进口者或者使用者必须在国务院经济综合主管部门会同国务院有关部门规定的期限内分别停止生产、销售、进口或者使用列入上述相关名录中的设备。生产工艺的采用者必须在国务院经济综合主管部门会同国务院有关部门规定的期限内停止采用列入上述相关名录中的工艺。

《固体废弃物污染防治法》规定：国务院经济综合宏观调控部门应当会同国务院有关部门组织研究、开发和推广减少工业固体废物产生量和危害性的生产工艺和设备，公布限期淘汰产生严重污染环境的工业固体废物的落后生产工艺、落后设备的名录。

《中华人民共和国清洁生产促进法》（以下简称《清洁生产促进法》）规定：国家对浪费资源和严重污染环境的落后的生产技术、工艺、设备和产品实行限期淘汰制度。国务院经济贸易行政主管部门会同国务院有关行政主管部门制定并发布限期淘汰的生产技术、工艺、设备以及产品的名录。

除国家环境保护法律、法规的规定之外，一些地方性环境保护法规和规章也将超薄塑料袋、发泡塑料餐具、含磷洗衣粉等分别列入了本地区限期淘汰之列。

根据环境保护法律、法规的规定，限期淘汰的对象包括：浪费资源和严重污染环境的落后的生产技术、工艺、设备和产品。

《水污染防治法》第77条规定：生产、销售、进口或者使用列入禁止生产、销售、进口、使用的严重污染水环境的设备名录中的设备，或者采用列入禁止采用的严重污染水环境的工艺名录中的工艺的，由县级以上人民政府经济综合宏观调控部门责令改正，处五万元以上二十万元以下的罚款；情节严重的，由县级以上人民政府经济综合宏观调控部门提出意见，报请本级人民政府责令停业、关闭。

《大气污染防治法》和《固体废弃物污染防治法》也都规定：生产、销售、进口或者使用禁止生产、销售、进口、使用的设备，或者采用禁止采用的工艺的，由县级以上人民政府经济综合主管部门责令改正；情节严重的，由县级以上人民政府经济综合主管部门提出意见，报请同级人民政府按照国务院规定的权限责令停业、关闭。

《大气污染防治法》第49条还规定：将淘汰的设备转让给他人使用的，由转让者所在地县级以上地方人民政府环境保护行政主管部门或者其他依法行使监督管理权的部门没收转让者的违法所得，并处违法所得两倍以下罚款。

《中华人民共和国循环经济促进法》（以下简称《循环经济促进法》）第50条规定：使用列入淘汰名录的技术、工艺、设备、材料的，由县级以上地方人民政府循环经济发展综合管理部门责令停止使用，没收违法使用的设备、材料，并处五万元以上二十万元以下的罚款；情节严重的，由县级以上人民政府循环经济发展综合管理部门提出意见，报请本级人民政府按照国务院规定的权限责令停业或者关闭。

31. 什么是现场检查制度？其主要有哪些内容？

现场检查制度是指环境保护行政主管部门或者其他依法行使环境保护监督管理权的部门，进入辖区内的排污单位现场，对其排污情况、污染治理等进行检查的法律规定的总称。

现场检查制度是环境保护行政机关在环境保护行政执法中最普遍适用的一项重要的行政监督管理手段，具有如下重要意义和作用：有利于环境保护行政机关及时了解和掌握管辖区内排污单位的开发、建设、排污、治污情况，有针对性地加强监督管理；有利于督促排污单位加强内部环境管理，认真履行法律规定的各项环境保护义务；有利于帮助和指导排污单位及其有关人员提高环境保护意识和环境保护法制观念；有利于促进环境保护行政机关及其执法人员依法行政，提高执法水平。

《环境保护法》第14条规定，有权行使现场检查权的机关是：县级以上人民政府的环境保护行政主管部门和其他依照法律规定行使环境监督管理权的部门。

现场检查的对象是管辖区范围内的一切排污单位。

被检查的单位有义务接受现场检查，并积极配合检查机关如实反映情况和提供有关资料。《水污染防治法实施细则》第18条规定，被检查单位应提供下列情况和资料：

（1）污染物排放情况。

（2）污染物治理设施及其运行、操作和管理情况。

（3）监测仪器、仪表、设备的型号和规格以及检定、校验情况。

（4）采用的监测分析方法和监测记录。

（5）限期治理进展情况。

（6）事故情况及有关记录。

（7）与污染有关的生产工艺、原材料使用的资料。

（8）与水污染防治有关的其他情况和资料。

《环境保护法》《大气污染防治法》《水污染防治法》《固体废物污染防治法》规定了现场检查制度的法律责任，参见表6。

表6 现场检查制度的法律责任

违法行为	处罚依据	处罚种类、幅度	执法主体
拒绝现场检查或者在被检查时弄虚作假	《环境保护法》第35条	给予警告或者处以罚款	县级以上地方人民政府环境保护行政主管部门
	《大气污染防治法》第46条	限期改正，给予警告或者处以五万元以下罚款	同上
	《水污染防治法》第70条	责令改正，处一万元以上十万元以下的罚款	同上
	《固体废物污染环境防治法》第70条	处二千元以上二万元以下的罚款	同上

32. 什么是突发环境事件信息报告与应急预案制度？其主要有哪些内容？

突发环境事件，是指突然发生，造成或者可能造成重大人员伤亡、重大财产损失和对全国或者某一地区的经济社会稳定、政治安定构成重大威胁和损害，有重大社会影响的涉及公共安全的环境事件。

突发环境事件信息报告，是指各级环境保护行政主管部门按照职责范围，及时、准确地向同级人民政府和上级环境保护行政主管部门报告辖区内发生的突发环境事件信息的规范性措施的总称。

突发环境事件应急预案制度，是指为及时应对突发环境事件，由政府事先编制突发环境事件的应急响应方案及其应急机制，在发生或者可能发生突发环境事件时，启动该应急预案以最大限度地预防和减少突发环境事件及其可能带来的危害等规范性措施的总称。

按照突发事件严重性和紧急程度，《国家突发环境事件应急预案》将突发环境事件分为特别重大环境事件（Ⅰ级）、重大环境事件（Ⅱ级）、较大环境事件（Ⅲ级）、一般环境事件（Ⅳ级）（参见表7）。

表7 突发环境事件的分级

分级	构成要件
Ⅰ级	（1）死亡30人以上，或中毒（重伤）100人以上；（2）因环境事件需疏散、转移群众5万人以上，或直接经济损失1 000万元以上；（3）区域生态功能严重丧失或濒危物种生存环境遭到严重污染，或因环境污染使当地正常的经济、社会活动受到严重影响；（4）因环境污染使当地正常的经济、社会活动受到严重影响；（5）利用放射性物质进行人为破坏事件，或1、2类放射源失控造成大范围严重辐射污染后果；（6）因环境污染造成重要城市主要水源地取水中断的污染事故；（7）因危险化学品（含剧毒品）生产和贮运中发生泄漏，严重影响人民群众生产、生活的污染事故；（8）造成跨国（界）的环境污染事件
Ⅱ级	（1）发生10人以上、30人以下死亡，或中毒（重伤）50人以上，100人以下；（2）区域生态功能部分丧失或濒危物种生存环境受到污染；（3）因环境污染使当地经济、社会活动受到较大影响，疏散转移群众1万人以上、5万人以下的；（4）1、2类放射源丢失、被盗或失控；（5）因环境污染造成重要河流、湖泊、水库以及沿海水域大面积污染，或县级以上城镇水源地取水中断的污染事件
Ⅲ级	（1）发生3人以上、10人以下死亡，或中毒（重伤）10人以上、50人以下；（2）因环境污染造成跨地级行政区纠纷，使当地经济、社会活动受到影响；（3）3类放射源丢失、被盗或失控
Ⅳ级	（1）发生3人以下死亡，中毒（重伤）10人以下；（2）因环境污染造成跨县级行政区域纠纷，引起群体性影响的；（3）4、5类放射源丢失、被盗或失控

突发环境事件的初报可用电话或传真直接报告，主要内容包括：突发环境事件的类型、发生时间、发生地点、初步原因、主要污染物质和数量、人员受害情况、自然保护区受害面积和濒危物种生存环境受到破坏程度、事件潜在危害程度等初步情况。

突发环境事件的续报可通过网络或书面报告，视突发环境事件进展情况可一次或多次报告。在初报的基础上报告突发环境事件有关确切数据、发生的原因、过程、进展情况、危害程度及采取的应急措施、措施效果等基本情况。

按照突发事件严重性、紧急程度和可能波及的范围，《国家突发环境事件应急预案》将突发环境事件的预警分为四级，预警级别由低到高，颜色依次为蓝色、黄色、橙色、红色。根据事态的发展情况和采取措施的效果，预警颜色可以升级、降级或解除。

在突发环境事件应急工作中，对于不认真履行环境保护法律、法规，而引发环境事件的；不按照规定制定突发环境事件应急预案，拒绝承担突发环境事件应急准备义务的；不按规定报告、通报突发环境事件真实情况的；拒不执行突发环境事件应急预案，不服从命令和指挥，或者在事件应急响应时临阵脱逃的；盗窃、贪污、挪用环境事件应急工作资金、装备和物资的；阻碍环境事件应急工作人员依法执行职务或者进行破坏活动的，散布谣言，扰乱社会秩序的；有其他对环境事件应急工作造成危害行为的，《国家突发环境事件应急预案》规定按照有关法律和规定，对有关责任人员视情节和危害后果，由其所在单位或者上级机关给予行政处分，构成犯罪的，由司法机关依法追究刑事责任。

三、企业环境污染控制

33. 什么是水体污染？水体污染有哪些类型？

水体污染是指排入天然水体的污染物，在数量上超过了该物质在水体中的本底含量和水体环境容量，从而导致水体的物理性质和化学性质发生不良变化，破坏了水中固有的生态系统，破坏了水体的功能及其在经济发展和人民生活中的作用。为了确保人类生存的可持续发展，人们在利用水的同时，必须有效地防治水体的污染。

向水体排放污染物的场所、设备、装置和途径称为水体的污染源。造成水体污染的因素是多方面的，一般可分为工业污染源、生活污染源和其他污染源。

工业污染源来自生产过程中产生的工业废水。在工业生产过程中要消耗大量的新鲜水，排放大量废水，其水量和性质随生产过程而异，通常分为工艺废水、设备冷却水、原料或成品洗涤水、生产设备和场地冲洗水等废水。废水中常含有生产原料、中间产物、产品和其他杂质等。不同工业企业排放废水的性质差异很大。由于所用原辅材料、工艺路线、设备条件、操作管理水平的差异，即使是生产同一产品的同类型工厂，所排放的工业废水水量和水质也不会相同。因此，工业废水具有污染面广、排放量大、成分复杂、毒性大、不易净化和难处理等特点。

生活污染源主要来自家庭、商业、机关、学校、旅游服务业和其他城市公用设施排放的生活污水，包括厨房洗涤水、洗衣机排水、沐浴排水、厕所冲洗水及其他排水等。生活污水中含有大量有机物质，含有氮、磷、硫等无机盐类，含有多种微生物和病原体。随着工业化的不断发展和人们生活水平的日益提高，生活污水的水量和污染物含量将相应增加，水质日趋复杂。

其他污染源是指工业污染源和生活污染源之外的污染源，一般包括：随大气扩散的有毒物质通过重力沉降或降水过程而进入水体，其他污染物被雨水冲刷随地面径流而进入水体，施用化肥、农药以及牲畜粪便和农村污水进入水体等，均会造成水体污染。

水体污染类型较多，主要分为以下几类：

（1）有机耗氧物质污染。生活污水和一部分工业废水，如食品、造纸废水等，含有大量的碳水化合物、蛋白质、脂肪和木质素等有机污染物。这类物质排入水体，可以通过微生物的生化作用而分解，在此过程中需要消耗水体中的溶解氧，因而被称为耗氧污染物。如果大量的耗氧有机物进入水体，势必导致水体中溶解氧急剧下降，因而影响鱼类和其他水生生物的正常生活。严重的还会引起水体变黑、发臭，鱼类大量死亡。

（2）植物营养物质污染。生活污水和某些工业废水，如皮革、食品、炼油、合成洗涤剂等工业废水以及施用磷肥、氮肥的农田水，含有氮、磷等植物营养物质，如果这类污水大量地排入水体，会使水体植物营养物质增多，引起藻类及其他浮游生物异常繁殖，分泌生物毒素，并消耗水中的溶解氧，引起鱼贝类中毒死亡，并能通过食物链危害人体健康。

（3）石油污染。石油污染多发生在海洋中，主要来自油船的事故泄漏、海底采油、油船压舱水以及陆上炼油厂和石油化工废水。进入海洋的石油在水面形成一层油膜，影响氧气扩散进入水体，因而对海洋生物的生长产生不良影响，降低水体自净能力。石油污染使鱼虾类产生石油臭味，降低海产品的食用价值。石油污染破坏优美的海滨风景，降低了海滨作为疗养、旅游地的使用价值。

（4）有毒化学物质污染。主要是重金属、氰化物和难降解的有机污染物，它们大都来自矿山、冶炼废水等，有毒污染物的种类已达数百种之多，重金属无机毒物包括汞、镉、铬、铅、镍、钴、钡等；人工合成高分子有机化合物包括苯并［a］芘、多氯联苯、芳香胺等。它们都不易消除，富集在生物体中，通过食物链危害人类健康。

（5）酸、碱、盐污染。生活污水、工矿废水、化工废水、废渣和海水倒灌等都能产生酸、碱、盐的污染，使水体含盐量增加，影响水质。

（6）热污染。工矿企业、发电厂等向水体排放高温废水，使水体温度增高，影响水生生物的生存和水资源的利用。温度增高使水体中氧的溶解减少，并且加速耗氧反应，最终导致水体缺氧和水质恶化。

（7）放射性污染。水体中放射性物质主要来源于铀矿开采、选矿、冶炼、核电站及核试验以及放射性同位素的应用等。从长远来看，放射性污染是人类所面临的重大潜在性威胁之一。

（8）病原体污染。生活污水、医院污水、肉类加工厂、畜禽养殖场、生物制品厂污水等，常含有病原体，如病毒、病菌和寄生虫。这类污水如不经过适当的净化处理和消毒，流入水体后，会通过各种渠道引起痢疾、伤寒、传染性肝炎及血吸虫病等。

34. 污水的物理性指标有哪些？

水质是指水与水中杂质共同表现的综合特征。水中杂质具体衡量的尺度被称为水质指标。污水和受纳水体的物理、化学和生物等方面的特征是用水质指标来表示的，水质指标是水体进行监测、评价、利用和污染治理的依据，也是控制污水处理设施运行状态的依据。水质指标可分为物理性指标、化学性指标和生物性指标。

表示污水的物理性质的主要指标有水温、色度、臭味和固体物质含量等。

（1）水温。水温是污水水质的重要物理指标之一。污水的水温与其物理性质、化学性质和生物性质密切相关。水中溶解性气体（如氧、二氧化碳等）的溶解度，水中生物和微生物活动，非离子氨、盐类、其他溶质及pH值都受水温变化的影响。污水的水温过低（如低于5℃）或过高（如高于40℃）都会影响污水的生物化学处理效果。

（2）色度。水的颜色用色度作为指标。色度可由悬浮固体、胶体或溶解物质形成。生活污水通常呈灰色，当污水中的溶解氧含量降低至0，污水中所含有的有机物产生腐败现象，则污水呈黑褐色并有臭味。工业废水的色度则视工矿企业的性质而异，如纺织、印染、造纸、食品、有机合成工业的废水中，常含有大量的染料、生物色素和有色悬浮微粒等，是使水体着色的主要污染物。有色废水常给人以不愉快感，排入环境后又使天然水体着色，减弱水体的透光性，影响水生生物的生长。

（3）臭味。生活污水的臭味主要由有机物腐败产生的气体造成。工业废水的臭味主要由挥发性化合物造成。臭味会造成感观不悦，甚至会危及人体健康，导致呼吸困难、胸闷、呕吐等。

（4）固体物质含量。固体物质按存在形态不同可分为悬浮的、胶体的和溶解的三种。固体物质含量用总固体量（TS）作为指标。把一定量水样在105～110℃干燥箱中烘干至恒重，所得的重量即为总固体量。

悬浮固体（SS）也称悬浮物。把水样用滤纸过滤后，在105～110℃干燥箱中烘干至恒重，所得的重量称为悬浮固体；滤液中存在的固体物质即为胶体和溶解固体。悬浮固体通常由有机物和无机物组成，所以又分为挥发性悬浮固体（VSS）和非挥发性悬浮固体（NVSS）。把悬浮固体在600℃马福炉中灼烧，所失去的物质称为挥发性悬浮固体，残留的为非挥发性悬浮固体。在生活污水中，前者约占70%，后者约占30%。悬浮固体可影响水体的透明度，降低水中藻类的光合作用，限制水生生物的正常运动，减缓水底活性，导致水体底部缺氧，使水体同化能力降低。

35. 污水的化学性无机污染物指标有哪些?

污水中的污染物质，按化学性质可分为无机污染物和有机污染物。无机污染物包括酸碱度、氮、磷、无机盐类和重金属离子等。

（1）酸碱度。酸碱度用pH值表示，在数值上等于氢离子浓度的负对数。pH值不仅与水中溶解物质的溶解度、化学形态、特性等有密切关系，而且对水中生物的生命活动有着重要影响。天然水体的pH值多在6～9范围内，当pH值范围超出6～9时，会对人、畜造成危害，特别是pH值低于6的酸性废水，对排水管渠、污水处理构筑物及设备产生腐蚀作用。因此，pH值是污水化学性质的重要指标。

（2）氮、磷。氮、磷是植物的重要营养物质，是在污水生物处理过程中，微生物所必需的营养物质，同时也是使湖泊、水库、海湾等缓流水体诱发富营养化的主要物质。

污水中的含氮化合物通常为有机氮、氨氮、亚硝酸氮和硝酸氮等四种形态。这四种形态的含氮化合物的含量均可作为污水的水质指标，它们的总量称为总氮（TN）。有机氮在微生物的作用下，能够依次地形成其他三种形态，这三种形态分别代表有机氮转化为无机物的各个不同阶段。氨氮在污水中的存在有游离氨（NH_3）和铵根离子（NH_4^+）两种形式。氨氮等于两者之和。氨氮不但向微生物提供营养，而且对污水的pH值起着缓冲作用。

污水中的磷几乎都以各种磷酸盐的形式存在，它们分为正磷酸盐、焦磷酸盐、偏磷酸盐、多磷酸盐和有机结合的磷（如磷脂等）。化肥、冶炼、合成洗涤剂等行业的工业废水及生活污水中常含有较大量的磷。磷是生物生长必需的元素之一，但水体中磷含量过高（如超过0.2 mg/L）可造成水体的富营养化，使湖泊、河流透明度降低，水质变坏。磷是评价水质的重要指标。

（3）硫酸盐与硫化物。污水中的硫酸盐通过硫酸根SO_4^{2-}表示。在缺氧的条件下，由于硫酸盐还原菌、反硫化菌的作用，硫酸根被脱硫还原成硫化氢。在排水管道内，硫化氢在噬硫细菌的作用下，形成硫酸，对管壁具有严重的腐蚀作用。在污水生物处理过程中，硫酸根允许浓度为1 500 mg/L。硫化物在污水中的存在形式有硫化氢（H_2S）、硫氢化物（HS^-）和硫化物（S^{2-}）。硫化物属于还原性物质，消耗污水中的溶解氧，并能与重金属离子反应，生成金属硫化物的沉淀。

（4）氯化物。生活污水和工业废水中均含有相当数量的氯化物。当氯化物含量高时，对管道和设备产生腐蚀作用；如灌溉农田，会引起土地板结；氯化物浓度超过2 000 mg/L时，对污水生物处理微生物有抑制作用。

（5）非重金属无机有毒物质。非重金属无机有毒物质主要是氰化物和砷化物。

氰化物在污水中的存在形式是无机氰化物（如氢氰酸HCN、氰酸盐CN^-）和有机氰化物（称为腈，如丙烯腈C_2H_3CN）。氰化物是剧毒物质，人体摄入的致死剂量是0.05～0.12 g。

砷化物在污水中的存在形式是无机砷化物（如亚砷酸盐AsO_2^-、砷酸盐AsO_4^{3-}等）和有机砷化物（如三甲基砷等）。对人体毒性作用强弱的排序为：有机砷＞亚砷酸盐＞砷酸盐。砷可能在人体内累积，属致癌（皮肤癌）物质之一。

污水中的重金属离子主要有汞、镉、铅、铬、锌、铜、镍、锡等。通常可以通过食物链在动物或人体内富集，而产生中毒作用。某些重金属离子，在微量浓度时，有益于微生物、动植物和人类，但当浓度超过某一数值时，就会产生毒害作用，特别是汞、镉、铅、铬以及它们的化合物。污水中的重金属难以净化去除。在污水处理过程中，重金属离子浓度的60％左右被转移到污泥中，往往使污泥中的重金属含量超过污泥农用时污染物控制标准限值。因此，对含有重金属离子的工业废水，必须在工矿企业内进行旨在去除重金属离子的局部处理。

36. 污水的化学性有机污染物指标有哪些?

生活污水中所含有机物的主要成分是碳水化合物、蛋白质、尿素和脂肪等，工业废水中所含的有机物则种类繁多。根据被生物降解的难易程度，可将有机物分为可生物降解有机物和难生物降解有机物两种。有机物的共同特点是能够被氧化成无机物，其中有些可被微生物氧化，有些可被化学物质氧化或被经驯化、筛选后的微生物所氧化。

（1）碳水化合物。污水中的碳水化合物主要包括糖类、淀粉、纤维素、半纤维素和木质素等，其中木质素难被微生物所降解，其余都属于可生物降解有机物，对微生物无毒害和抑制作用。

（2）蛋白质。蛋白质由多种氨基酸组成，分子中氮含量约占16％，很不稳定，易发生不同形式的分解，属于可生物降解有机物，对微生物无毒害和抑制作用。蛋白质与尿素是生活污水中氮的主要来源。

（3）脂肪和油类。脂肪是甘油与脂肪酸形成的有机化合物，包括动物油和植物油。在常温时呈液态的称为油，在低温时呈固态的称为脂肪。脂肪比碳水化合物、蛋白质稳定，属于难生物降解有机物，对微生物无毒害和抑制作用。

炼油、石油化工等工业废水中，含有矿物油，具有异臭，属于难生物降解有机物，并对微生物有毒害和抑制作用。

（4）酚。酚类是芳香烃的衍生物。根据羟基的数目，可分为单元酚、二元酚和多元酚；根据能否随水蒸气蒸发，可分为挥发酚和不挥发酚。挥发酚包括苯酚、甲酚、二甲酚等，属于可生物降解有机物，但对微生物有毒害和抑制作用。不挥发酚包括间苯二酚、邻苯三酚等多元酚，属于难生物降解有机物，并对微生物有毒害和抑制作用。

酚的水溶液和酚蒸气易通过皮肤或呼吸道吸入人体引起中毒。水中含酚10 mg/L时，可引起鱼类死亡，贝类、海带也不能生存。

（5）表面活性剂。生活污水和表面活性剂制造产生的工业废水，含有大量表面活性剂，通常分为烷基苯磺酸盐（硬性洗涤剂ABS）和烷基芳基磺酸盐（软性洗涤剂LAS）两类。前者含有磷并易产生大量泡沫，难以生物降解；后者属于可生物降解有机物，代替了硬性洗涤剂，泡沫大大减少，但仍含有磷。磷是使水体富营养化的主要元素之一。

（6）有机农药。有机农药分为两大类，即有机氯农药和有机磷农药。有机氯农药（如DDT、六六六等）毒性大、难降解，并会在自然界积累，造成二次污染，已禁止生产与使用。现在使用的有机磷农药，种类有敌百虫、乐果、敌敌畏、甲基对硫磷等。这类物质毒性大，也属于难生物降解有机物，并对微生物有毒害和抑制作用。

人工合成的高分子有机化合物种类繁多，成分复杂，使城市污水的净化难度大大增加。在这类物质中已被查明具有三致作用（致癌、致突变、致畸形）的物质有聚氯联苯、联苯胺、稠环芳烃等多达20余种，疑致癌物质也超过20种。

由于有机物种类繁多，详细区分和逐一定量较难。但可根据有机物都能被氧化的这一共同特性，用氧化过程所消耗的氧量作为衡量有机物总量的综合指标，进行定量。常用指标有生物化学需氧量（BOD）、化学需氧量（COD）、总需氧量（TOD）、总有机碳（TOC）等。

（1）生物化学需氧量（BOD）。生物化学需氧量也称生化需氧量，是在水温为20℃条件下，由于微生物的生活活动，水中能分解的有机物质完全氧化分解时所消耗的溶解氧量，单位为mg/L。当温度在20℃时，一般的有机物质需要20天左右时间才能基本完成氧化分解过程，而要全部完成此过程则需100多天。因此，目前国内外普遍规定在20℃条件下，以培养5天作为测定生化需氧量的标准，测得的生化需氧量称为5日生化需氧量，用BOD_5表示。

在实际工作中常用BOD_5作为可生物降解有机物的综合浓度指标。

（2）化学需氧量（COD）。采用BOD_5作为有机物的浓度指标，存在下列不足之处：由于测定时间较长，难以及时指导生产实践；如果污水中难生物降解有机物浓度较高，BOD_5的测定结果误差较大；某些工业废水缺少微生物生长所需的营养物质或者含有抑制微生物生长的有毒有害物质，影响测定结果。

为了克服上述缺点，可采用化学需氧量作为衡量污水中有机物浓度的指标。

COD是在酸性条件下，利用强氧化剂将有机物氧化成二氧化碳和水所消耗的氧量，单位为mg/L。我国规定用重铬酸钾$K_2Cr_2O_7$作为强氧化剂来测定污水的化学需氧量，其测得的值通常用COD_{Cr}来表示。

由于重铬酸钾的氧化能力极强，能氧化分解有机物的种类多，如对直链脂肪烃的氧化率可达80%～90%。另外，也可用高锰酸钾作为氧化剂，其氧化能力比重铬酸钾弱，但测定方法比较简便，在测定有机物含量的相对比较值时采用。

如果污水中有机物的数量和组成相对稳定，COD和BOD之间能有一定的比例关系，可以互相推算求定。对一定的污水而言，通常COD>BOD，两者的差值大致等于难生物降解的有机物量。因此根据COD_{Cr}/BOD_5的比值大小，可以推测污水是否适宜于采用生化技术进行处理。COD_{Cr}/BOD_5的比值称为污水的可生化性指标，比值越大，越适宜采用生物处理技术。

（3）总需氧量（TOD）。TOD是指有机物中的碳、氢、氧、氮、硫等组成元素被氧化成为稳定的氧化物时所消耗的氧量，单位为mg/L。

TOD用总需氧量分析仪进行测定。将一定数量的水样，在含有一定浓度氧气的氮气载带下，自动注入内填铂催化剂的高温石英燃烧管，在900℃高温下瞬间燃烧，使水样中的有机物燃烧氧化，由于氧被消耗，供燃烧用的气体中氧的浓度降低，经氧燃料电池测定气体载体中氧的降低量，测得结果在记录仪上以波峰形式显示，TOD值即根据试样波峰的高度求出。

由于高温下燃烧有机物可被彻底氧化，所以，TOD>COD。

（4）总有机碳（TOC）。TOC是以碳的含量表示水体中有机物质总量的综合指标，单位为mg/L。由于TOC的测定采用燃烧法，因此能将有机物全部氧化，它比BOD或COD更能直接表示有机物的总量。因此，常常被用来评价水体中有机物污染的程度。

近年来，国内外已研制出各种类型的TOC分析仪。其中燃烧氧化—非分散红外吸收法流程简单、重现性好、灵敏度高，只需一次性转化，因此这种TOC分析仪被广泛应用。

TOD和TOC的测定原理相同，但有机物数量的表示方法不同，前者用消耗的氧量表示，后者用含碳量表示。

水质比较稳定的污水，BOD_5、COD、TOD和TOC之间有一定的相关关系，其数值大小排序为：TOD＞COD_{Cr}＞BOD_5＞TOC。

生活污水的BOD_5/COD值为0.4～0.65，TOC/BOD_5值为1.0～1.6。工业废水的BOD_5/COD值取决于工业性质，变化极大，如果该比值大于0.3，被认为可采用生化处理法；小于0.25不宜采用生化处理法；小于0.3难以进行生化处理，必须采取提高污水可生化性的措施。

37. 污水的生物性指标有哪些?

污水中的微生物以细菌和真菌为主。生活污水、食品工业污水、制革污水、医院污水等含有肠道病原菌、寄生虫卵、炭疽杆菌和病毒等。因此，了解污水的生物性质具有重要意义。

污水生物性质的检测指标一般为总大肠菌群数、细菌总数和病毒等。

（1）总大肠菌群数。总大肠菌群数表示的是在100 mL水样中可能存活着的大肠菌群的总数（MPN）。大肠菌本身虽非致病菌，但由于大肠菌与肠道病原菌都存活于人类的肠道内，在外界环境中生存条件相似，而且大肠菌的数量多，检测比较容易，因此常采用总大肠菌群数作为卫生学指标。水中存在大肠菌，就表明该污水受到粪便污染，并可能存在病原菌。

（2）细菌总数。细菌总数以1 mL水样中的细菌菌落总数表示，是大肠菌群数、病原菌、病毒及其他腐生细菌的总和。细菌总数越多，表示病原菌和病毒存在的可能性越大。

（3）病毒。污水中已被检出的病毒有100余种。检出大肠菌，可表明肠道病原菌存在，但不能表明是否存在病毒和炭疽杆菌等其他病原菌。因此还需检测病毒指标。

综上所述，用总大肠菌群数、细菌总数和病毒等卫生学指标来评价污水受生物污染的程度比较全面。

38. 我国的排水水质标准主要有哪些?

水资源保护和水体污染控制要从两方面着手：一方面制定水体的环境质量标准，保证水体质量和水域使用目的；另一方面要制定污水排放标准，对必须排放的工业废水和生活污水等进行必要而适当的处理。水质标准是对水质指标作出的定量规范。

为贯彻《环境保护法》《水污染防治法》和《海洋环境保护法》，控制水污染，保护江河、湖泊、运河、渠道、水库和海洋等地面水以及地下水水质的良好状态，保障人体健康，维护生态平衡，促进国民经济和城乡建设的发展，原国家环保总局制定了《污水综合排放标准》（GB8978—1996）。该标准按照污水排放去向，分年限规定了69种水污染物最高允许排放浓度及部分行业最高允许排水量，适用于现有单位水污染物的排放管理，以及建设项目的环境影响评价、建设项目环境保护设施设计、竣工验收及其投产后的排放管理。另外，为使环境恶化的趋势得到基本控制，2000年国家环保总局又制定了“一控双达标”政策：“一控”——对主要污染物进行总量控制；“双达标”——重点企业、工业企业污染源处理达标，城市的地面水和空气质量实现按功能区达标。

按照国家综合排放标准与国家行业排放标准不交叉执行的原则，造纸工业、船舶工业、海洋石油开发工业、纺织染整工业、肉类加工工业、合成氨工业、钢铁工业、航天推进剂使用、兵器工业、磷肥工业、烧碱、聚氯乙烯工业所排放的污水执行相应的国家行业标准，其他一切排放污水的单位均执行污水综合排放标准。

《污水综合排放标准》中规定了污水排入地面水水域的水质要求，并根据污水的排放去向和受纳水域的功能要求将标准分为三级。排入《地面水环境质量标准》（GB 3838—2002）规定的Ⅲ类水域（划定的保护区和游泳区除外）和排入《海水水质标准》（GB 3097—1997）中规定的二类海域的污水，执行一级标准；排入《地面水环境质量标准》（GB 3838—2002）规定的Ⅳ、Ⅴ类水域和排入《海水水质标准》（GB 3097—1997）中规定的三类海域的污水，执行二级标准；排入设置二级污水处理厂的城镇排水系统的污水，执行三级标准；排入未设置二级污水处理厂的城镇排水系统的污水，必须根据排水系统出水受纳水域的功能要求，分别执行相应的规定。《地面水环境质量标准》（GB 3838—2002）规定的Ⅰ、Ⅱ类水域和Ⅲ类水域中划定的保护区以及《海水水质标准》（GB 3097—1997）中规定的一类海域，禁止新建排污口，现有排污口应按水体功能要求，实行污染物总量控制，以保证受纳水体的水质符合规定用途的水质标准。

《污水综合排放标准》将排放的污染物按其性质及控制方式分为两类。第一类污染物，不分行业和污水排放方式，也不分受纳水体的功能类别，一律在车间或车间处理设施排放口采样，其最高允许排放浓度必须达到本标准要求。第二类污染物，在排污单位排放口采样，其最高允许排放浓度必须达到本标准要求。标准按年限规定了第一类污染物和第二类污染物最高允许排放浓度及部分行业最高允许排水量。

为促进城镇污水处理厂的建设和管理，加强城镇污水处理厂污染物的排放控制和污水资源化利用，结合我国《城市污水处理及污染防治技术政策》，原国家环境保护总局和国家质量监督检验检疫总局制定和颁布了《城镇污水处理厂污染物排放标准》（GB18918—2002）。该标准分年限规定了城镇污水处理厂出水、废气和污泥中污染物的控制项目和标准值，排入城镇污水处理厂的工业废水和医院污水，应达到《污水综合排放标准》、相关行业的国家排放标准、地方排放标准的相应规定限值及地方总量控制的要求。

原国家环境保护总局和国家质量监督检验检疫总局还制定和颁布了《医疗机构水污染物排放标准》（GB 18466—2005），加强对医疗机构污水、污水处理站废气、污泥排放的控制和管理，预防和控制传染病的发生和流行。标准中规定了医疗机构污水及污水处理站产生的废气和污泥的污染物控制项目及其排放限值、处理工艺与消毒要求、取样与监测和标准的实施与监督等。

水质标准不仅是环境保护部门监督管理立法的依据，也为水体水质的评价提供了依据。随着国民经济的发展和人民生活水平的不断提高以及科学技术的进步，各种用水对水质要求会不断提高，对排放污水中有害物质的含量的要求也更加严格，因而需要对标准执行过程中发现的问题加以总结，并进行适时的修正，以适应社会发展的需求。

具体的水质标准请查阅相关的标准。

39. 我国水污染控制的总体原则是什么?

在我国的污水排放总量中，工业废水排放量约占60％。水体中绝大多数有毒有害物质来源于工业废水。工业废水大量排放是造成水环境状况日趋恶化、水体使用功能下降的重要原因。我国江河流域普遍遭到污染，且呈发展趋势。监测表明，有63.8％的城市河段受到中度或严重污染。根据对我国118个大城市的跟踪调查，97.5％的城市浅层地下水受到不同程度的污染，其中40％的城市受到重度污染，加剧了水资源的紧张状况。因此，工业废水污染的防治是水污染防治的首要任务。国内外工业废水污染防治的经验表明，工业废水污染的防治必须采取综合性对策，从宏观性控制、技术性控制以及管理性控制等三方面着手，才能取得良好的防治效果。

（1）宏观控制。控制污染物排放增量，调整优化产业结构与工业结构，大力发展高技术产业，坚持走新型工业化道路，合理进行工业布局，促进传统产业升级，提高高技术产业在工业中的比重。工业结构的调整与优化应按照“物耗少、能耗低、占地少、技术密集程度高及附加值高”的原则，限制发展那些能耗高、用水多、污染大的工业，以降低单位工业产品或产值的排水量及污染物排放负荷。

（2）技术性控制。技术性控制对策主要包括推行清洁生产、节水减污、实行污染物排放总量控制、加强工业废水处理等。

（3）管理性控制。进一步完善污水排放标准和相关的水污染控制法规和条例，加大执法力度，严格限制污水的超标排放。规范各单位的污染物排放口，对各排放口和受纳水体进行在线监测，逐步建立完善城市和工业排污监测网络和数据库，建立科学有效的监督和管理机制。

40. 污水处理一般采取哪几种类型的技术?

污水处理的基本技术是采用各种技术措施将污水中含有的处于各种形态的污染物质分离出来加以回收利用，或将其分解、转化为无害的稳定的物质，从而使污水得到净化。按其作用原理，污水处理技术可分为物理处理法、化学处理法、物理化学处理法和生物化学处理法四种类型。

（1）物理处理法。通过物理作用，分离、回收污水中不溶解的呈悬浮状态的污染物质（包括油膜和油珠）。主要方法有筛滤、沉淀、上浮、离心分离、过滤等。

（2）化学处理法。通过化学反应，分离去除污水中处于溶解、悬浮和胶体状态的污染物质，主要方法有中和、氧化还原、化学沉淀、电解等。

（3）物理化学处理法。通过物理化学作用去除污水中的污染物质。主要有混凝、气浮、吸附、离子交换、膜分离等。

（4）生物化学处理法。利用微生物的代谢作用，使污水中呈溶解、胶体状态的有机污染物转化为稳定的无害物质。主要方法可分为两大类，即利用好氧微生物作用的好氧法和利用厌氧微生物作用的厌氧法。好氧法广泛应用于城市污水及有机性工业废水处理中，其中主要有活性污泥法和生物膜法两种。厌氧法多用于处理高浓度有机性工业废水与污水处理过程中产生的污泥，目前也用于处理城市污水和低浓度有机性工业废水。

城市污水与工业废水中含有多种多样形态与性质完全不同的污染物，需要几种技术的组合，才能够分离、转化污染物，使污水达到净化的目的、要求与排放标准。

41. 污水处理技术分为哪几级?

按处理程度，污水处理技术可分为一级处理、二级处理和三级处理。

（1）一级处理。主要去除污水中呈悬浮状态的固体污染物质，物理处理法大部分只能完成一级处理的要求。经过一级处理后的污水，BOD一般可去除20％左右，达不到排放标准。一级处理属于二级处理的预处理。

（2）二级处理。主要去除污水中呈溶解和胶体状态的有机污染物（即BOD值与COD值），去除率可达90％以上，使有机污染物的去除达到排放标准。

（3）三级处理。三级处理是在一级、二级处理后，进一步去除难降解的有机物、氮和磷等能够导致水体富营养化的可溶性无机物等。主要方法有生物脱氮处理法、混凝沉淀法、过滤法、活性炭吸附法、离子交换法和膜分离法等。三级处理又称深度处理，但两者又不完全相同，三级处理常用于二级处理之后。而深度处理则以污水的再生、回用为目的，是在一级或二级处理后增加的处理工艺。污水再生、回用的范围很广，从工业上的重复利用、水体的补给水源到成为生活杂用水等。

对于某种污水，采用哪几种处理方法组合成污水处理系统，要根据污水的水质、水量，回收其中有用物质的可能性、经济性、受纳水体的具体条件，并结合调查研究与经济技术比较后决定，必要时还需进行试验。图1所示为典型的城市污水处理工艺流程。

常用的污水处理方法及对应去除的污染物见表8。

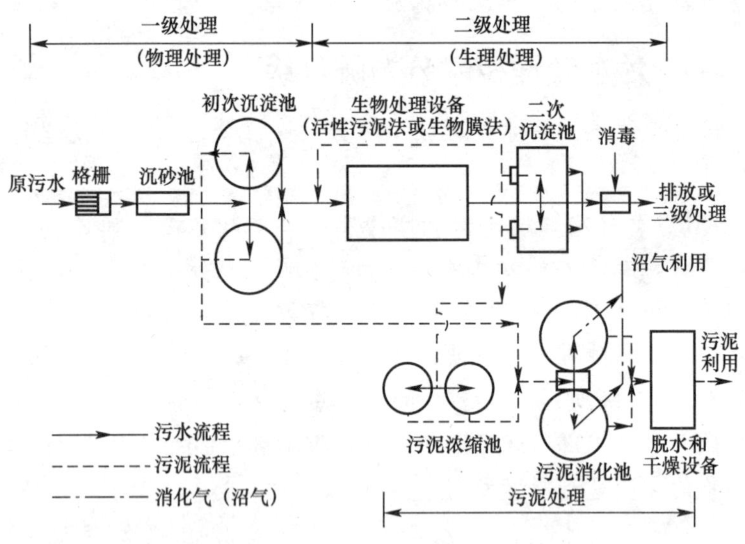

图1　城市污水处理典型的工艺流程

表8　　常用污水处理方法

类别	处理方法	主要去除污染物
一级处理	1. 格栅分离 2. 沉砂 3. 均衡调节 4. 中和 5. 油水分离 6. 气浮和聚结	颗粒悬浮物、漂浮物 固体沉淀物 水质水量冲击 酸、碱 浮油、粗分散油 细分散油及微细的悬浮物
二级处理	1. 活性污泥法 2. 生物膜法 3. 氧化沟 4. 氧化塘	可生物降解有机物、BOD、COD
后处理	1. 吹脱 2. 凝聚沉淀 3. 过滤或微絮凝过滤 4. 气浮 5. 活性炭过滤（生物炭过滤）	气体硫化氢、二氧化碳、氨气 不能沉淀的悬浮粒子、胶体颗粒、细分散油 悬浮固体物、细分散油 悬浮固体物、细分散油 悬浮固体物、细分散油
三级处理	1. 活性炭吸附 2. 消毒 3. 电渗析 4. 离子交换 5. 超滤 6. 反渗透 7. 臭氧氧化	臭味、颜色、COD、细分散油、溶解油 细菌、病毒 盐类、重金属 部分盐类、有机物、细菌 盐类、有机物、细菌 难降解的有机物、溶解油

42. 污泥处理有哪些方法?

污泥是污水处理过程中的副产物。污泥含有大量有机物，富有肥分，可以作为农肥使用，但又含有大量细菌、寄生虫卵以及从工业废水中挟带来的重金属离子等，在利用前应对其进行一定的预处理与稳定、无害处理。污泥处理的主要方法如下：

（1）减量处理。如浓缩、脱水等。

（2）稳定处理。如厌氧消化法、好氧消化法等。

（3）综合利用。如对消化气的利用及污泥农业利用等。

（4）最终处置。如干燥焚烧、填地投海、充做建筑材料等。

43. 什么是大气污染？影响大气污染的主要因素有哪些？

大气污染是指自然现象和人类活动向大气中排放了过多的烟尘和废气，使大气的组成发生了改变，或介入了新的成分，而达到了有害程度。这些自然现象包括火山活动、森林火灾、海啸、土壤和岩石的风化以及大气圈空气的运动等。一般来说，自然现象所造成的大气污染，能通过自然环境自身的物理、化学和生物机能经过一定的时间后自动消除，这就是所谓的地球自净能力和自然生态平衡的自动恢复。通常说的大气污染主要是指人类活动造成的，人类活动既包括了各种生产活动，也包括了如取暖、做饭等生活活动。所谓的大气污染就是指由于人类活动或自然过程引起某些物质介入大气中，呈现出足够的浓度，达到了足够的时间，并因此而危害了人体的舒适、健康和福利或危害了环境。这里所说的舒适和健康，是包括了从影响人体正常的生活环境和生理机能到引起慢性病、急性病以致死亡这样一个广泛的范围；而所谓的福利，则是指与人类协调共存的生物、自然资源、财产以及器物等。

根据影响范围，大气污染可分作四类。①局部地区污染，如工厂或单位烟囱排气引起的污染。②地区性污染，如工业区及其附近地区或整个城市大气受到污染。③广域污染，是指跨越行政区划的广大地域的大气污染。④全球性大气污染，是指某些超越国界，具有全球性影响的大气污染，例如人类活动产生的二氧化碳的含量已由19世纪的0.028％增加到现在的0.033％，引起了全球性的气候异常，这已是全世界人民共同关心的环境问题。

污染物进入大气中，会不会造成污染呢?分析历史上发生的大气污染事件可以知道，大气中有害物质的浓度越大，滞留时间越长，污染就越重，危害也就越大。污染物质在大气中的浓度，首先取决于排放的总量（即源强，单位时间污染物的排放量），除此之外，还与气象条件、地形地貌以及排放源高度等因素有关。

污染物进入大气后，首先会得以稀释扩散。大气在不同的气象条件之下，具有不同的稀释扩散能力。这些气象条件包括风向、风速、湍流、降雨及逆温等。风向决定了污染物质的水平输送方向，一般来说，下风向污染程度比较严重。风速大，污染物迅速随风而下，稀释速度快。大气湍流决定着污染物的扩散程度。降雨雪促进了污染物质的沉降，因此能净化大气。逆温决定了污染物质在气层中的滞留状况。在正常情况下，近地面气层的空气温度随高度递减，这样气层处在不稳定状态，上下对流剧烈，促使污染物迅速扩散。如果局部地区气温出现了随高度逆增的情况，那么上层则像一个“罩子”，阻碍了污染物在大气中的扩散，容易在局部地区形成大气污染。

地形、地貌和地物也是影响大气运动的环境因素。因为复杂的地形及地面状况，会形成局部地区的热力环流，如山区的山谷风，滨海的海陆风，以及城市的热岛效应等，会使气流产生环流和旋涡，大气中的污染物质容易聚集，从而影响到局部地区的大气污染的形成及危害程度。

为了减轻局部地区污染，目前广泛采用高烟囱排放。高烟囱把污染物送上高空，使其在远离污染源的更广阔的区域中扩散、混合，从而降低了污染物在近地面空气中的浓度。但是这并非减少了污染物的总量，天长日久可能会引起区域性或国际性的大气污染。

44. 大气污染物主要有哪些?

大气污染物是指由于人类活动或自然过程排入大气的并对人类

或环境产生有害影响的那些物质。大气污染物的种类很多，根据其存在的特征可分为气溶胶状态污染物和气体状态污染物两大类。

（1）气溶胶状态污染物。在大气污染中，气溶胶是指空气中的固体粒子和液体粒子，或固体和液体粒子在气体介质中的悬浮体。按照气溶胶的来源和物理性质，可将其分为以下几种：

1）粉尘。粉尘是指悬浮于气体介质中的微小固体颗粒，受重力作用能发生沉降，但在某一段时间内能保持悬浮状态。粉尘通常是在固体物质的破碎、研磨、筛分及输送等机械过程，或土壤、岩石风化，火山喷发等自然过程中形成的。因此粉尘的种类很多，如粘土粉尘、石英粉尘、滑石粉、煤粉、水泥粉尘以及金属粉尘等，其形状往往是不规则的。粉尘的粒径范围很广，一般为1~200 μm。

2）烟。烟一般是指燃料不完全燃烧产生的固体粒子的气溶胶。它是熔融物质挥发后生成的气态物质的冷凝物，在其生成的过程中总是伴有氧化之类的化学反应。烟的特点是粒径很小，一般在0.01~1 μm的范围内，烟颗粒能够长期存在于大气之中。金属的冶炼是烟产生的主要途径之一。

3）飞灰。飞灰是指由燃料燃烧所产生的烟气中分散得非常细微的无机灰分。

4）黑烟。黑烟一般是指燃料燃烧产生的能见气溶胶，是燃料不完全燃烧的炭粒。黑烟颗粒的大小约为0.5 μm。

在某些情况下，粉尘、烟、飞灰和黑烟等小固体颗粒气溶胶之间的界限难以确切划分。按照我国的习惯，一般将冶金过程或化学过程形成的固体颗粒气溶胶称为烟尘；将燃料燃烧过程产生的固体颗粒气溶胶称为飞灰和黑烟。

5）雾。雾是指气体中液滴悬浮体的总称。在气象学中则是指造成能见度小于1 km的小水滴悬浮体。在工程中，雾一般泛指小液体颗粒悬浮体。液体蒸气的凝结、液体的雾化以及化学反应等过程均可形成雾，如水雾、酸雾、碱雾或油雾等。

在大气污染控制中，根据大气中颗粒物的大小，可将其分为飘尘、降尘和总悬浮微粒。飘尘是指大气中粒径小于10 μm的固体微粒。它的粒度小，质量轻，能长期飘浮在大气中，故又称为浮游粒子或可吸入颗粒物。降尘是指大气中粒径大于10 μm的固体微粒。在重力的作用下，降尘能够在较短的时间内沉降到地表。总悬浮微粒（TSP）是指大气中粒径小于100 μm的所有固体颗粒。

（2）气体状态污染物。大气中的气体状态污染物简称气态污染物，它是以分子状态存在的。气态污染物的种类很多，常见的有五大类。其一是以硫为主的含硫化合物，如二氧化硫、硫化氢等；其二是以氮为主的含氮化合物，如一氧化氮、二氧化氮、氨气等；其三是碳的氧化物，如一氧化碳、二氧化碳等；其四是碳氢化合物，如烷烃、烯烃和芳香烃类；其五是卤族化合物，如氢氟酸、盐酸等。

气态污染物又分为原发性污染物和继发性污染物，即一次污染物和二次污染物。一次污染物系指从污染源直接排放出来的原始污染物质，它们进入大气之后，其物理化学性质均未发生改变。例如燃烧煤时，从烟囱里直接排放出来的烟尘和二氧化硫等。二次污染物系指一次污染物与大气中原有成分之间，或者几种一次污染物之间经过一系列化学或光化学反应而生成的与一次污染物性质不同的新污染物质。如硝酸、硝酸盐等是由一氧化氮氧化后生成的新污染物。在大气污染中，受到普遍重视的二次污染物主要有硫酸烟雾和光化学烟雾。

1）硫氧化物。硫氧化物中主要的是二氧化硫。二氧化硫来源广泛，影响面比较大。二氧化硫是具有辛辣及刺激性的无色气体，吸入过量的二氧化硫会损害呼吸器官。二氧化硫是大气中的主要酸性污染物，在大气中会氧化而形成硫酸烟雾或硫酸盐气溶胶。二氧化硫与大气中的烟尘有协同作用，著名的伦敦烟雾事件就是这种协同作用所造成的。二氧化硫主要来自含硫化石燃料的燃烧、金属冶炼、火力发电、石油炼制、硫酸生产及硅酸盐制品熔烧等过程。各种燃煤、燃油的工业锅炉和供热锅炉都会排放大量的二氧化硫。全世界每年向大气中排放的二氧化硫量约为1.5亿t，其中化石燃料燃烧产生的二氧化硫约占70%以上。火力电厂排烟中的二氧化硫浓度虽然较低，但是总排放量却最大。

2）氮氧化物。氮氧化物有氧化二氮、一氧化氮、二氧化氮、三氧化二氮、四氧化二氮和硝酸酐。而NO_x是各种氮氧化物的总代表式。在大气中常见的氮氧化物污染物是一氧化氮和二氧化氮。一氧化氮是无色气体，毒性不太大，但进入大气后，会被氧化成二氧化氮，当大气中有臭氧等强氧化剂存在时，其氧化速度加快。二氧化氮是一种红棕色的、具有恶臭刺激性的气体，其毒性约为一氧化氮的5倍。二氧化氮会参加大气中的光化学反应，形成光化学烟雾，其毒性更大。

氮氧化物主要来自燃料的燃烧，特别是汽车排出的废气中含有大量的氮氧化物。氮氧化物的生成途径有两个。一是空气中的氮在高温下被氧化而形成氮氧化物，温度越高、燃烧区氧的浓度越高，则氮氧化物的生成量也就越大。据分析，燃煤发电厂排出的废气中氮氧化物含量为400～24 000 mg/m^3；二是燃料中的各种氮化物在燃烧时生成氮氧化物。此外，硝酸生产、炸药制备以及金属表面的处理过程也产生氮氧化物，土壤和水体的硝酸盐在微生物的反硝化作用下也可生成氧化二氮。

3）碳氧化物。一氧化碳和二氧化碳是各种大气污染物中发生量最大的一类污染物。一氧化碳是一种无色无味无刺激性的气体。吸入人体后，能与血红蛋白结合，损害其输氧能力，使机体缺氧，严重时使人窒息而死。冬季在我国北方煤气中毒事件时有发生，实际上就是一氧化碳中毒。一氧化碳的主要来源是燃料的不完全燃烧过程和汽车尾气。一氧化碳排入大气后，由于大气的扩散稀释作用和氧化作用，一般不会造成危害。但是在城市冬季取暖季节或交通繁忙地区，在不利于尾气扩散时，一氧化碳的浓度则有可能达到危害环境的水平。二氧化碳是无毒的气体，但是局部地区的空气中二氧化碳浓度过高时，会使氧含量相对减小而对人体产生不良影响。地球上二氧化碳逐年增多，能产生温室效应，导致全球气候变暖，这已受到世界各国的密切关注。

4）碳氢化合物。碳氢化合物是由碳、氢两种元素组成的各种有机化合物的总称，包括烷烃、烯烃和芳香烃类等。碳氢化合物主要来自煤和石油的燃烧以及各种机动车辆排出的废气。

大气受到碳氢化合物的污染，能使人的眼、鼻和呼吸道受到刺激，并影响肝、肾和心血管的生理功能。在这类污染物质中，多环芳烃（PAH）如蒽、苯并蒽、萤蒽和苯并［a］芘等，都具有一定的致癌作用，尤其苯并［a］芘更是强致癌剂。大多数多环芳烃是吸附在大气颗粒物上的。冬季因取暖燃煤量大增，烟尘多，附在其上的苯并［a］芘是大气受到多环芳烃污染的标志。碳氢化合物的更大危害还在于它与氮氧化物共同作用所引起的光化学烟雾。由汽车、工厂等污染源排入大气的碳氢化合物和氢氧化物，在阳光照射下，发生一系列的光化学反应，生成了如臭氧、醛类、过氧乙酰硝酸酯（PAN）等二次污染物，其危害性远大于一次污染物。

还有许多复杂的高分子有机化合物，如酚、醛、酮等含氧有机化合物，过氧乙酰硝酸酯、过氧硝基丙酰（PPN）、联苯胺、腈等含氮有机化合物，硫醇、噻吩、二硫化碳（CS_2）等含硫有机化合物以及氯乙烷、氯醇、有机农药DDT、除草剂TCDD等。

随着化学工业和石油化工的迅速发展，大气中的有机化合物日益增加，这些有机污染物对人体危害甚大，它们能强烈地刺激眼、鼻、呼吸器官，严重地损害心、肺、肝、肾等内脏，甚至致癌、致畸，并促使遗传因子变异。

5）硫酸烟雾。硫酸烟雾是大气中的二氧化硫等硫氧化物，在有水雾、含有重金属的飘尘或氮氧化物存在时，发生一系列化学或光化学反应而生成的硫酸雾或硫酸盐气溶胶。硫酸烟雾引起的刺激作用和生理反应等危害远比二氧化硫大得多，其对生态环境、金属和建筑材料也都有很大的危害。

6）光化学烟雾。光化学烟雾是在阳光照射下，大气中的氮氧化物、碳氢化合物和氧化剂之间发生一系列光化学反应而生成的蓝色烟雾（有时呈紫色或黄褐色），其主要成分有臭氧、过氧乙酰硝酸酯、高活性自由基（如RO_2、HO_2、RCO等）、醛类、酮类和有机酸类等二次污染物。光化学烟雾形成的机制很复杂，其危害性也比一次污染物更强烈。

45. 导致大气污染的根源主要有哪些？

大气污染物的发生源简称大气污染源。大气污染物质产生于人类活动或自然过程，因此大气污染源可以概括为两类：人为污染源和自然污染源。在大气污染控制技术中，主要的研究对象是人为污染源。

根据对大气中主要污染物进行分类统计，人为污染源又可以分为三类：燃料燃烧、工业生产和交通运输。从污染物发生源的移动性来看，前两类统称为“固定源”，而第三类称为“移动源”。另外，在环境监测中又把污染源分为点源，如一个烟囱；线源，如一条运输线；面源，如一个工业区等。

大气污染物的来源及种类因各国、各地区的经济发展与结构、能源利用情况的不同而差异明显，而且还在随着年代变化。在我国煤的直接燃烧是大气污染物的主要来源。

在各种工业生产过程排入大气的污染物质中，有的是原料，有的是产物，有的则是废气。污染物质的种类、数量及其组成也因生产工艺、原材料、能源及操作管理方法等条件不同而差异显著。工矿区污染源因排放集中，常常造成危害。燃料燃烧是最大最广泛的大气污染源，不同种类的燃料、燃料的不同组成，以及不同的燃烧方式产生的大气污染物质的量和成分也不同。因为物质的燃烧不仅是简单的氧化，而且会发生裂解、环化、缩合或聚合等化学反应过程。除了生成二氧化碳和水之外，也会生成其他有害物，如一氧化碳、二氧化硫、氮氧化物、烟灰、金属及其氧化物、金属盐类、醛、酮及稠环碳氢化合物等，其形成均和燃烧时间、温度等因素有关。

大气污染物主要来源于自然过程和人类活动。由自然过程排放污染物所造成的大气污染，多为暂时的和局部的，人类活动排放的污染物是造成大气污染的主要根源。研究大气污染问题应主要针对人为污染源。

46. 大气环境质量标准有哪几类?

大气污染主要是由于人类的生产、生活活动产生的有害物质在自然界积聚的结果。大气环境质量标准是为了保护人体健康和维护一定的生存环境，对大气中污染物或其他物质的最大容许浓度所作的规定。

大气环境质量标准按用途可分为大气环境质量标准、大气污染物排放标准、大气污染控制技术标准以及大气污染警报标准等。它们之间有着密切的联系，而大气环境质量标准是科学地管理大气环境的基本准则，也是评价大气质量、制定大气污染防治规划和污染物排放标准的依据。在各种标准中，根据其适用的范围又分为国家标准、地方标准和行业标准。

大气环境质量标准是为了防止生态破坏、创造清洁适宜的环境、保障人体健康而制定。因此需要综合研究人体健康和生态环境与大气污染物浓度之间的关系，对其相关性做定量分析，以确定大气环境质量标准规定的污染物及其浓度限值。1963年世界卫生组织（WHO）通过的空气质量四级水平，已成为多数国家判断空气质量的依据。

第一级：在处于或低于所规定的浓度和接触时间内，看不到直接或间接的反应（色括反射性或保护性反应）。

第二级：达到或高于规定的浓度和接触时间时，对人的感觉器官有刺激，对植物有损害，或对环境产生其他有害作用。

第三级：达到或高于规定的浓度和接触时间时，使人的生理功能发生障碍或衰退，引起慢性病，缩短生命。

第四级：达到或高于规定的浓度和接触时间时，敏感者将发生急性中毒或死亡。

确定空气质量级别要根据这四级水平，还要合理协调实现标准所需的代价与社会经济效益之间的关系。同时应遵循区域差异性原则，特别是中国地域广阔，经济发展不平衡，更应充分考虑各地区人群构成、生态系统结构功能等差异性，做到在实施标准时，投入费用最少，而收益最大。

47. 我国大气污染物的排放标准是如何规定的?

制定大气污染物排放标准的原则是以环境空气质量标准为依据，同时还应综合考虑治理技术的可行性、经济的合理性及地区的差异性，并尽量做到简明易行。制定排放标准的方法大体上有两种：按最佳适用技术确定法和按污染物在大气中的扩散规律推算法。

最佳适用技术是指现阶段实施效果最好、经济合理的污染物治理技术。按最佳适用技术确定污染物排放标准，就是根据污染现状、最佳治理技术效果，并对已有治理得较好的污染源进行损益分析来确定排放标准。这样确定的排放标准便于实施和管理，但有时不能满足大气环境质量标准，而有时又显得过严。按这种方法制定的标准有浓度标准、林格曼黑度标准及单位产品允许排放量标准等。

按污染物在大气中的扩散规律推算时，以环境空气质量标准为依据，应用大气扩散模式推算出不同烟囱高度污染物的允许排放量或排放浓度，或根据污染物排放量推算出最低排放高度。这样确定的排放标准，由于模式的准确性和可靠性受地理环境、气象条件及污染源密集程度等影响较大，因此对不同的地区就难免出现偏严或偏宽的情况。

我国于1973年颁布了《工业“三废”排放试行标准》（GBJ4—73），规定了13类有害物质的排放标准。经过20多年的试行，于1996年修改制定了《大气污染物综合排放标准》（GB16297—1996）。该标准规定了33种在我国有普遍性、代表性和污染危害严重的大气污染物排放标准，它概括了我国原有的废气标准中的12个项目和现有的地方排放标准中几乎所有的项目。

《大气污染物综合排放标准》对33种污染物的规定包括了最高允许排放浓度、最高允许排放速率和无组织监控浓度限值，同时还规定了标准的实施要求。该标准适用于现有污染源大气污染物的排放管理，以及建设项目的环境影响评价、设计、环境保护设施的竣工验收和投产后的大气污染物排放管理。

48. 大气污染综合防治的方法和步骤是什么?

大气污染综合防治应坚持以防为主，防治结合原则，立足于环境问题的区域性、系统性和整体性，把一个城市或地区的大气环境看成一个整体，统一规划能源消费、工业发展、交通运输和城市建设等，并综合运用各种可行的防治污染措施，充分利用大气环境的自净能力。大气污染是环境污染的一个方面，只有纳入区域环境综合防治规划之中，统筹考虑，才可能真正解决问题。

大气污染综合防治是一项十分复杂的系统工程，涉及范围很广，如能源的合理使用与改革、城市的布局、生产工艺的改革、清洁生产工艺的实施、处理设备的费用及效率等。为了使城市或工矿区某种或几种大气污染物降低到环境允许浓度或目标值，必须从实际出发，对各种能减轻大气环境污染方案的技术可行性、经济合理性、实施可能性等进行优化筛选和评价，并根据城市或区域特点、经济能力和管理水平等因素，确定实现整个区域大气环境质量控制目标的最佳实施方案。

只有从整体大气环境状况出发，进行综合防治，才能有效地控制大气污染。如果缺乏整体观念，各单位独自采取单项治理措施，就可能造成花钱多而整个区域的大气环境质量状况改善不大的局面，达不到投资最少，环境、社会和经济效益最好的目的。

大气污染综合防治的方法和步骤主要有以下几个方面：

（1）收集调查有关城市或地区各种大气污染源的位置，排放的主要有害物质种类、数量、时空分布及污染源高度、排气速度等参数。对大量分散的小污染源，如居民和商业饮食炉灶等，则应把整个区域划分为若干小区，每个小区内的小污染源按面源处理。

（2）监测区域内各有关监测点的大气污染物浓度，并计算出各点的日、月、年平均浓度。

（3）研究确定适用于当地的大气污染物扩散模式，并计算出区域内各类污染源排放的有害物质对环境的影响值，初步确定使环境中大气污染物降低到允许值或目标值时，区域内各类污染源的削减量方案，确定这一方案时，需充分利用大气环境容量。

（4）调查了解在一定时期内，可用于大气污染综合防治的资金。

（5）研究各种可能减轻大气环境污染的措施。如为减轻锅炉烟尘对环境的污染，可安装除尘器来消烟除尘，提高锅炉热效率，减少燃煤量以削减烟尘量。此外也可采用集中供热措施，取消小锅炉以及使用无污染能源等。

（6）寻求最佳实用治理方案。在制定大气污染综合防治规划时，必须使规划同经济能力、污染控制技术发展水平相适应，这样才能找到一个最佳的实用方案。盲目追求高标准，不仅可能导致经济上得不偿失，甚至可能因经济力量不足而使规划徒有其名，根本无法实施。寻求综合防治大气污染的最佳方案，必须同时考虑由于大气污染造成的经济损失及治理污染所需的费用，对治理要求越严，投入费用就越多，但同时由污染造成的损失就越小。两者相加的最低值就是最经济的，即最佳治理方案。

49. 防治大气污染的措施有哪些？

人类对自然环境的冲击造成了环境的严重恶化。随着实践经验的积累和环境科学理论的发展，人们认识到环境问题总是具有区域性、系统性和整体性，解决环境问题不能只关注污染问题，进行“尾部治理”，而是要从整体出发，对一个特控区域的人口、经济发展、资源和环境的承载能力进行全面的研究，采用防治结合的综合措施，才能有效地控制污染。

大气污染综合防治就是视一个城市或特定区域为一个整体，统一规划能源结构、工业发展、城市布局和交通运输，运用各种防治污染的有效措施，达到整个城市或区域的大气环境质量目标。大气污染综合防治的措施可以概括为以下几点：

（1）严格的环境管理。环境管理是运用行政、法律、经济、教育和科学技术等措施，把社会经济建设和环境保护结合起来，使环境污染得到有效控制。完整的环境管理体制包括环境立法、环境监测机构和环境保护管理机构三部分。

20世纪70年代以来，许多国家实施环境法，并设立了相应的管理机构。我国制定了《环境保护法》《海洋环境保护法》《水污染防治法》《森林保护法》《草原法》和《大气污染防治法》等法律，以及各种环保条例、规定与标准，使我国的环境法日趋完善。同时从中央到地方逐步建立起比较完整的监测系统，为环境的科学管理提供了大量资料。现在我国也建立了由中央到地方的各级环境管理机关，以保证国家各项环境保护法令和条例的执行。

（2）全面规划、合理布局进行综合防治。大气环境质量受各种各样的自然因素和社会因素影响，必须进行全面环境规划并采取区域性综合防治措施，才能获得长期的效益。

在兴建大型工矿企业、工业区时，首先必须对拟建工程的自然环境和社会环境做综合调查，进行环境模拟试验及污染物的扩散计算，摸清该地区的环境容量，做出科学的环境影响评价报告。确定为保护、协调和改善环境应该采取的各种措施。为政府部门确定兴建与否、兴建规模和布局等提供科学的依据。

（3）控制大气污染的技术措施。从对污染源及污染物的分析中知道，在各种工业生产过程中所产生的污染物，因工艺、流程、原材料、燃烧、操作管理条件和水平等的不同，其种类、数量、组成和特性差别甚大。因此，合理利用能源、改革工艺、改进燃料和进行严格的工艺操作是控制大气污染的有效的技术措施。建立综合性的工业基地，也是控制大气污染十分有效的技术方案。在综合基地中，各企业紧密联系，相互之间综合利用原料和废弃物，将大量地减少污染物的总排放量。

（4）控制环境污染的经济政策。应该保证对环境保护的必要投资，而且随着生产的发展而逐步增加，以便使各种环保措施逐步改进。银行应发放低息长期贷款，对治理污染予以经济方面的优惠。要严格排污管理，实行排污收费。对污染严重且长期未能治理的企业实行强制停产。我国将排污所得收入回用于污染治理的政策，有益于环境保护。

（5）绿化造林。绿化造林不仅能够美化环境、调节大气的温度和湿度、保持水土、防风固沙，而且在净化空气、降低噪声方面也有显著的功能。植物对空气的净化作用是多方面的。绿色植物吸收二氧化碳、制造氧气，保持着大自然中二氧化碳与氧气的平衡。植物对空气中的粉尘、细菌及各种有害气体都具有阻挡、过滤和吸收的作用，从而减少了空气中各种污染物的含量。有些植物对污染物极为敏感，极易产生病态反应，例如：紫花苜蓿在二氧化硫浓度为3.57 mg/m^3时，1 h后就呈现病态，而浓度达到57.2 mg/m^3时，人才有咳嗽、流泪等症状。因而这类植物对大气污染又可以起到监测和报警的作用。绿化工作也要统筹规划，以达到事半功倍之效。

（6）高烟囱排放及安装净化装置。目前还不可能做到无污染物排放。采用高烟囱排放，是当前许多国家防止二氧化硫污染的一种有效方法。它可以把大气污染物有组织地排向高空，向更广的范围扩散稀释，充分利用大气的扩散作用和自净能力，以减轻局部地区的大气污染。安装废气净化装置是消烟除尘、防治污染、保证环境质量的基础。根据烟气中污染物质的种类，可分别采用除尘、吸收、吸附和催化转化等方法进行捕集、处理、回收利用而使空气得以净化，这是实现环境规划等项综合防治措施的前提。

50. 什么是噪声？噪声有哪些类型？

物体的振动能产生声音，声波经空气媒介的传递使人耳感觉到声音的存在。但是，人们听到的声音有的很悦耳，有的却很难听甚至使人烦躁，那是什么道理呢?从物理学的角度讲，声音可分为乐音和噪声两种。当物体以某一固定频率振动时，耳朵听到的是具有单一音调的声音，这种以单一频率振动的声音称为纯音。但是，实际物体产生的振动是很复杂的，它是由各种不同频率的许多简谐振动所组成的，把其中最低的频率称为基音，比基音高的各频率称为泛音。如果各次泛音的频率是基音频率的整数倍，那么这种泛音称为谐音。基音和各次谐音组成的复合声音听起来很和谐悦耳，这种声音称为乐音。钢琴、提琴等各种乐器演奏时发出的声音就具有这种特点。这些声音随时间变化的波形是有规律的，而其所包含的频率成分中基音和谐音之间成简单整数比。所以凡是有规律振动产生的声音就称为乐音。

如果物体的复杂振动由许许多多频率组成，而各频率之间彼此不成简单的整数比，这样的声音听起来就不悦耳也不和谐，还会使人感到烦躁。这种频率和强度都不同的各种声音杂乱地组合而产生的声音就称为噪声。各种机器噪声之间的差异就在于其所包含的频率成分和其相应的强度分布都不相同，因而使噪声具有各种不同的种类和性质。从环境和生理学的观点分析，凡使人厌烦的、不愉快的和不需要的声音都统称为噪声，它包括危害人们身体健康的声音，干扰人们学习、工作和休息的声音及其他不需要的声音。

根据噪声源的不同，噪声可分为工业噪声、交通噪声、建筑施工噪声和生活噪声四种。工业噪声是指工厂在生产过程中由于机械振动、摩擦撞击及气流扰动产生的噪声。交通噪声是指飞机、火车、汽车和拖拉机等交通运输工具在飞行和行驶中所产生的噪声。建筑施工噪声是指建筑工地在施工过程中由建筑机械发生的噪声。如，在距声源15 m处测得打桩机噪声为95～105 dB，混凝土搅拌机噪声为80～90 dB，推土机噪声为78～96 dB。生活噪声是指街道以及建筑物内部各种生活用品设备和人们日常活动所产生的噪声。

工业噪声、城市交通噪声、建筑施工噪声和生活噪声也是构成环境噪声的四个主要来源。噪声使人感到烦恼，强的噪声还会给人体健康带来危害。

按产生的机理，噪声可分为机械噪声、空气动力性噪声、电磁噪声。机械噪声是由于机械部件之间在摩擦力、撞击力和非平衡力的作用下振动而产生的，简而言之，是固体振动产生的噪声。机械噪声的大小同激振部件的大小、形状、边界条件、激振力的特性有关。织布机、球磨机、车床、齿轮等发出的噪声是典型的机械噪声。空气动力性噪声是由于高速或高压气流与周围空气介质剧烈混合而辐射的噪声（如锅炉排气放空噪声等）；或气流流经障碍物后，形成涡流而辐射的噪声（如气流流经阀门产生的噪声等）；或旋转的动力机械作用于气体，产生压力脉冲而辐射的噪声（如飞机螺旋桨转动时发生的噪声等）；或进、排气时，使周围空气的压强和密度不断受到扰动而产生的噪声（如鼓风机的进、排气噪声等）。综上所述，凡高速气流、不稳定气流以及由于气流与物体相互作用产生的噪声，称为空气动力性噪声。电磁噪声是由电磁场的交替变化而引起某个机械部件或空间容积振动产生的。电磁噪声的大小，取决于交变磁场的特性、被激发振动部件和空间的大小、形状等。如电动机、发电机、变压器和日光灯镇流器等发出的噪声都是电磁噪声。

51. 噪声污染对人体有哪些危害?

噪声的危害是多方面的。噪声不仅对人们正常生活和工作造成极大干扰，影响人们交谈、思考，影响人的睡眠，使人心情烦躁、反应迟钝，工作效率降低，分散人的注意力，引起工作事故，更严重的情况是噪声可使人的听力和健康受到损害。

（1）噪声对听力的损伤。大量的调查研究表明，人们长期在强噪声环境下工作，会使内耳听觉组织受到损伤，造成耳聋。噪声的强度越大、频率越高、作用时间越长、个人耐力越小，则危害越严重。统计资料表明，80 dB（A）以下的噪声不会引起噪声性耳聋；80~85 dB（A）的噪声会造成轻微的听力损伤；85~100 dB（A）的噪声会造成一定数量的噪声性耳聋；而噪声达到100 dB（A）以上时，则造成相当大数量的噪声性耳聋。人在没有思想准备的情况下，强度极高的爆震性噪声（如突然放炮、爆炸时）可使听力在一瞬间永久丧失，即产生爆震性耳聋，这时，人的听觉器官将遭受严重创伤。

（2）噪声对人体的生理影响。噪声对人体健康的影响是多方面的。噪声作用于人的中枢神经系统，使人们大脑皮层的兴奋与抑制平衡失调，导致条件反射异常，使脑血管张力遭到损害。这些生理上的变化，在早期能够恢复原状，但时间一久，就会导致病理上的变化，使人产生头痛、脑胀、耳鸣、失眠、心慌、记忆力衰退和全身疲乏无力等症状。噪声作用于中枢神经系统还会影响胎儿发育，造成胎儿畸形，并且妨碍儿童智力发育。

噪声对消化系统、心血管系统也有严重不良影响，会造成消化不良、食欲不振、恶心呕吐，从而导致胃病及胃溃疡的发病率提高，使高血压、动脉硬化和冠心病的发病率比正常情况高出2~3倍。噪声对视觉器官也会造成不良影响。据调查，在高噪声环境下工作的人常有眼病、视力减退、眼花等症状。

（3）噪声对仪器设备和建筑结构的危害。噪声对仪器设备的使用也会有严重影响，当噪声超过135 dB时电子仪器的连接部位会出现错动，引线产生抖动，微调元件发生偏移，使仪器发生故障而失效。强噪声会使机械结构因声疲劳而断裂，酿成事故。在冲击波的作用下建筑物会出现墙壁开裂、屋顶掀起、玻璃破碎、烟囱倒塌等故障。

52. 噪声污染控制的基本途径有哪些?

同水体污染、大气污染和固体废物污染不同，噪声污染是一种物理性污染，它的特点是局部性和没有后效。噪声在环境中只是造成空气物理性质的暂时变化，噪声源的声输出停止之后，污染立即消失，不留下任何残余物质。噪声的防治主要是控制声源和声的传播途径，以及对接收者进行保护。

解决噪声污染问题的一般程序是，先进行现场噪声调查，测量现场的噪声级和噪声频谱，然后根据有关的环境标准确定现场容许的噪声级，并根据现场实测的数值和容许的噪声级之差确定降噪量，进而制定技术上可行、经济上合理的控制方案。

（1）声源控制。运转的机械设备和运输工具等是主要的噪声源，控制它们的噪声有两条途径。一是改进结构，提高其中部件的加工精度和装配质量，采用合理的操作方法等，以降低声源的噪声发射功率。二是利用声的吸收、反射、干涉等特性，采用吸声、隔声、减振、隔振等技术，以及安装消声器等，以控制声源的噪声辐射。

采用不同的噪声控制方法，可以收到不同的降噪效果。如将机械传动部分的普通齿轮改为有弹性轴套的齿轮，可降低噪声15～20 dB；把铆接改成焊接，把锻打改成摩擦压力加工等，一般可减低噪声30～40 dB。

（2）传声途径的控制。传声途径控制的主要措施有五点。①声在传播中的能量是随着距离的增加而衰减的，因此使噪声源远离需要安静的地方，可以达到降噪的目的。②声的辐射一般有指向性，处在与声源距离相同而方向不同的地方，接收到的声强度也不同。不过多数声源为低频辐射噪声时，指向性很差；随着频率的增加，指向性就增强。因此，控制噪声的传播方向（包括改变声源的发射方向）是降低噪声尤其是高频噪声的有效措施。③建立隔声屏障，或利用天然屏障（土坡、山丘），以及利用其他隔声材料和隔声结构来阻挡噪声的传播。④应用吸声材料和吸声结构，将传播中的噪声声能转变为热能等。⑤在城市建设中，采用合理的城市防噪声规划。此外，对于固体振动产生的噪声采取隔振措施，以减弱噪声的传播。

（3）接收者的防护。为了防止噪声对人的危害，可采取一些防护措施。①佩戴护耳器，如耳塞、耳罩、防声盔等。②减少人在噪声环境中的暴露时间。③根据听力检测结果，适当调整在噪声环境中的工作人员。人的听觉灵敏度是有差别的，如在85 dB的噪声环境中工作，有人会耳聋，有人则不会。可以每年或几年进行一次听力检测，把听力显著降低的人调离噪声环境。

合理的控制噪声的措施是根据噪声控制费用、噪声容许标准、劳动生产效率等有关因素进行综合分析确定的。在一个车间，如果噪声源是一台或少数几台机器，而车间里工人较多，一般可采用隔声罩，降噪效果为10～30 dB；如果车间里工人少，经济有效的方法是用护耳器，降噪效果为20～40 dB；如果车间里噪声源多而分散，工人又多，一般可采取吸声降噪措施，降噪效果为3～15 dB；如果工人不多，可用护耳器，或者设置供工人操作用的隔声间。对机器振动产生的噪声辐射，一般可采取减振或隔振措施，降噪效果为5～25 dB。如机械运转使厂房的地面或墙壁振动而产生噪声辐射，可采用隔振机座或阻尼措施。

53. 我国企业的环境噪声排放标准主要有哪些?

（1）工业企业厂界环境噪声标准。为防治企业噪声污染，改善声环境质量，国家环境保护部制定了《工业企业厂界环境噪声排放标准》（GB12348—2008）。该标准规定，夜间频发的最大声级超过限值幅度不得高于10 dB（A）；夜间偶发的最大声级超过限值幅度不得高于15 dB（A）；工业企业若位于未划分声功能区的区域，当厂界外有噪声敏感建筑物时，由当地县级以上人民政府参照《声环境质量标准》（GB 3096—2008）和《城市区域环境噪声适用区划分技术规范》（GB/T 15190—1994）的规定确定厂界外区域的声环境质量要求，并执行相应的厂界环境噪声排放限值；当厂界与噪声敏感建筑物距离小于1 m时，厂界环境噪声应在噪声敏感建筑物室内测量并将表9中相应限值减10 dB（A）作为评价依据。

表9　　工业企业厂界环境噪声排放限值

厂界外声功能区类别	昼间/dB(A)	夜间/dB(A)
0	50	40
1	55	45
2	60	50
3	65	55
4	70	55

表10规定了工业企业厂区各类地点的噪声标准。表中噪声限制值为工作8 h的情况，若工作时间不满8 h，则按噪声暴露时间减半，噪声限制值增加3 dB（A）处理。表内的室内背景噪声级是指室内无声源发声的条件下，从室外经由墙、门、窗（门窗开闭状态为常规状态）传入室内的室内平均噪声级。

表10　　工业企业厂区各类地点的噪声标准

地点类型		限制值/dB(A)
生产车间及作业场所(工人每天连续接触噪声8 h)		90
高噪声车间设置的值班室、观察室、休息室(室内背景噪声级)	无电话通信要求时	75
	有电话通信要求时	70
精密装配线、精密加工车间的工作地点、计算机机房(正常工作状态)		70
车间所属办公室、实验室、设计室(室内背景噪声级)		70
主控制室、集中控制室、通信室、电话总机室、消防值班室（室内背景噪声级)		60
厂部所属办公室、会议室、设计室、中心实验室(包括试验、化验、计量室)(室内背景噪声级)		60
医务室、教室、哺乳室、托儿所、工人值班宿舍(室内背景噪声级)		55

（2）社会生活环境噪声排放标准。为更加符合当前社会的健康要求，国家环境保护部在2008年重新修订了《社会生活环

境噪声排放标准》（GB 22337—2008），本标准规定了营业性文化娱乐场所和商业经营活动中可能产生环境噪声污染的设备、设施的边界噪声排放限值，具体限值见表11。

表11　社会生活环境噪声排放标准

厂界外声功能区类别	昼间/dB(A)	夜间/dB(A)
0	50	40
1	55	45
2	60	50
3	65	55
4	70	55

同时该标准还规定，当社会生活噪声排放源边界与噪声敏感建筑物距离小于1 m时，厂界环境噪声应在噪声敏感建筑物室内测量并将相应限值 减10 dB（A）作为评价依据。

另外，在社会生活噪声排放源位于噪声敏感建筑物内的情况下，噪声通过建筑物结构传播至噪声敏感建筑物室内时，噪声敏感建筑物室内等效声级不得超过表12规定的限值。

表12　结构传播固定设备室内噪声排放限值

噪声敏感建筑物声环境功能区 ＼ 时段 ＼ 房间类型	A类房间		B类房间	
	昼间 dB(A)	夜间 dB(A)	昼间 dB(A)	夜间 dB(A)
0	40	30	40	30
1	40	30	45	35
2、3、4	45	35	50	40

说明：A类房间——以睡眠为主要目的，需要保证夜间安静的房间，如住宅卧室、宾馆等。

B类房间——主要在昼间使用，需要保证思考与精神集中、正常讲话不被干扰的房间，如会议室、办公室等。

（3）建筑施工厂界噪声排放标准。《建筑施工厂界噪声排放标准》（GB12523—2000）适用于城市建筑施工期间施工场地产生噪声，不同施工阶段作业噪声值见表13。表13中，如有几个施工阶段同时进行，以高噪声阶段的限值为准。

表13　建筑施工厂界噪声排放标准

施工阶段	主要噪声源	昼间	夜间
土石方	推土机、挖掘机、装载机等	50	40
打桩	各种打桩机等	55	45
结构	混凝土搅拌机、振捣棒、电锯等	60	50
装修	吊车、升降机等	65	55

54. 什么是固体废物?

固体废物是指人类在生产建设、日常生活和其他活动中产生的，在一定时间和地点无法利用而被丢弃的污染环境的固体、半固体废弃物质。

从固体废物定义可知，它是在一定时间和地点被丢弃的物质，是放错地方的资源，具有资源和废物的相对性。因此，此处的“废”，具有明显的时间和空间的特征。

根据物质的存在状态划分，废物包括固态、液态和气态废弃物质。在液态和气态废物中，若其污染物质混掺在水和空气中，直接或经处理后排入水体或大气，习惯上，将它们称为废水和废气，纳入水环境或大气环境管理范畴；而对于其中不能排入水体的液态废物和不能排入大气的置于容器中的气态废物，因其具有较大的危害性，则将其归入固体废物管理体系。

随着环境问题逐渐被重视，节能、环保成为各国的发展主题，已经开始为垃圾处理提供产业发展的机会。目前，全世界每年固体废物的产生量约70亿t，垃圾4.9亿t，全世界垃圾年均增长速度为8.42%，其中，美国约占一半，约3.5亿t；我国每年固体废物产量约8亿t，仅次于美国，我国历年固体废物累积存量超过120亿t，其中生活垃圾约70亿t，且以每年8％～10％的速度增长。

55. 固体废物如何分类?

城市固体废物种类繁多、组成复杂、性质多样，因而也有多种分类方法。

（1）根据城市垃圾的性质划分。①可燃烧垃圾和不可燃烧垃圾。②高热值垃圾与低热值垃圾。③有机垃圾和无机垃圾。④可堆肥垃圾和不可堆肥垃圾。①和②可作为热化学处理的判断指标，而③和④可作为垃圾能否以堆肥化和其他生物处理的判断依据。

（2）根据资源回收利用和处理处置方式划分。①可回收废品；②易堆腐物；③可燃物；④无机废物。这种划分方式为资源回收利用和选择合适的处理处置方法提供了依据。

（3）按垃圾产生或收集来源划分。①食品垃圾（厨房垃圾），是居民住户排出垃圾的主要成分。②普通垃圾（零散垃圾），包括纸类、废旧塑料，罐头盒等（以上两项包括无机炉灰，统称为家庭垃圾，是城市垃圾可回收利用的主要对象）。③庭院垃圾，包括植物残余、树叶及其他清扫杂物。④清扫垃圾，指城市道路、桥梁、广场、公园及其他露天公共场所由环卫系统清扫收集的垃圾。⑤商业垃圾，指城市商业、服务网点、营业场所产生的垃圾。⑥建筑垃圾，指建筑物、构筑物兴建、维修施工现场产生的垃圾。⑦危险垃圾，指医院传染病房、放射治疗系统、实验室等场所排放的各种废物。⑧其他垃圾，指以上所列以外的场所排放的垃圾。这种划分为城市垃圾分类收集、加工转化、资源回收以及选择合适的处理处置方法提供了依据。

56．固体废物处理主要有哪几种方法？各有什么优缺点？

目前国内外广泛采用的城市生活垃圾处理方式主要有卫生填埋、高温堆肥和焚烧等，这三种主要垃圾处理方式的比例，因地理环境、垃圾成分、经济发展水平等因素不同而有所区别。表14为三种处理方式的比较。

表14　　三种垃圾处理方式比较

内容	卫生填埋	焚烧	堆肥
操作安全性	较好，注意防火	好	好
技术可靠性	可靠	可靠	可靠，国内相当有经验
占地	大	小	中等
选址	较困难，要考虑地形、地质条件，防止地表水、地下水污染，一般远离市区，运输距离较远	易，可靠近市区建设，运输距离较近	较易，仅需避开居民密集区，气味影响半径小于200 m，运输距离适中
适用条件	无机物大于60%，含水量小于30%，密度大于0.5 t/天	垃圾低位热值大于3 300 kJ/kg时不需添加辅助燃料	从无害化角度出发，垃圾中可生物降解有机物应不少于10%；从肥效出发，垃圾中可生物降解有机物应达到40%以上
最终处置	无	仅残渣需作填埋处理，为初始量的10%	非堆肥物需作填埋处理为初始量的20%～25%
产品市场	可回收沼气发电	产生热能或电能	建立稳定的堆肥市场困难
建设投资	较低	较高	适中
资源回收	无现场分选回收实例，但有潜在可能	前处理工序可回收部分原料，但取决于垃圾中可利用物的比例	前处理工序可回收部分原料，但取决于垃圾中可利用物的比例

续表

地表水污染	有可能，但可采取措施减少可能性	在处理厂区无，在炉灰填埋时，其对地表水污染的可能性比填埋小	在非堆肥填埋时与卫生填埋相仿
地下水污染	有可能，虽可采取防渗措施，但仍然可能发生渗漏	灰渣中没有有机质等污染物，仅需填埋时采取固化等措施可防止污染	重金属等可能随堆肥制品污染地下水
大气污染	有，但可用覆盖压实等措施控制	可以控制，但二噁英等微量剧毒物需采取措施控制	有轻微气味，污染指标可能性不大
土壤污染	限于填埋场区	无	需控制堆肥制品中重金属含量

由于城市垃圾成分复杂，并受经济发展水平、能源结构、自然条件及传统习惯等因素的影响，所以国外对城市垃圾的处理一般是随国情而不同，往往一个国家中各地区也采用不同的处理方式，很难有统一的模式。但最终都是以无害化、资源化、减量化为处理目标。从应用技术看，国外主要采用填埋、焚烧、堆肥、综合利用等方式，机械化程度较高，且形成系统及成套设备。

焚烧是目前世界各国广泛采用的城市垃圾处理技术，大型的配备有热能回收与利用装置的垃圾焚烧处理系统，由于顺应了回收能源的要求，正逐渐上升为焚烧处理的主流。国外工业发达国家，特别是日本和西欧，普遍致力于推进垃圾焚烧技术的应用。国外焚烧技术的广泛应用，除得益于经济发达、投资力强、垃圾热值高外，主要在于焚烧工艺和设备的成熟、先进。世界上许多著名公司投入力量开发焚烧技术与设备，且主要设备与附属装置定型配套。

我国城市垃圾处理起步较晚，但是发展迅速。资料显示，截至2011年底，全国设市城市、县累计建成城镇污水处理厂 3 135座，污水处理能力达到1.36亿立方米/日。近几年各地根据实际情况，从对策和规划着手，对城市垃圾处理技术进行了有益的探索。杭州、常州、天津、绵阳、北京、武汉等城市在学习国外城市垃圾处理技术经验的基础上，自行设计了具有中国特色的垃圾机械化堆肥处理生产线；深圳、乐山等城市建设垃圾焚烧厂的成功，也为各城市应用焚烧技术提供了经验；沈阳、鞍山等城市对医院垃圾实行统一管理，集中焚烧，也走出了特种垃圾处理的新路。

57. 固体废物污染主要表现在哪几个方面?

（1）侵占土地。固体废物长期露天堆放或进行没有防渗措施的垃圾填埋，其中部分有害组分很容易随渗滤液浸出，并渗入地下向周围扩散，固体废物及其渗滤液中所含的有害物质会改变土壤的性质和结构，并影响土壤中微生物的活动，使土壤和地下水受到污染。由于土壤具有很强的吸附力，这些有害组分不仅有碍植物根系的发育和生长，还会在土壤中呈现不同程度的积累。

在固体废物污染的危害中，最为严重的是危险废物的污染。危险固体废物具有易燃、易爆和腐蚀等特性，在其堆置中亟须防范。尤其是剧毒性的固体废物容易引起即时性的严重破坏，造成土壤的持续性危害影响。

（2）污染水体。有不少国家将固体废物直接倾倒于河流、湖泊或海洋等水体，以海洋作为固体废物的处置场所，是有违国际公约的。地表水直接受到污染，严重危害水生生物的生存条件，影响水资源的充分利用。此外，堆积的固体废物经过雨水的浸渍和废物本身的分解，渗滤液和有害化学物质的转化与迁移，对附近地区的河流及地下水系和资源造成污染。堆积的固体废物分解出氮、磷等成分，还会造成水体的富营养化。

我国各水系沿岸的发电厂，每年向长江、黄河等水域排放数以千万吨的灰渣。其中仅重庆电厂年排放量即达30万t，在厂排污口外的煤灰滩已延伸到了嘉陵江的航道中心。大量固体废物向海洋倾倒和堆积，也严重污染了沿海滩涂和邻近水域，恶化了生态环境，破坏了滩涂地貌。例如，我国著名的游览胜地青岛市的主要工业区和生活区位于胶州东岸，由于长期大量的固体废物不加处理地任意排放，使得整个滩涂几乎全被工业废建筑垃圾掩埋。仅有的一点沙滩也成了不毛之地，海水受到严重污染，原有的100种水生生物，残存下来的不过10余种。

由于长期向江湖排弃固体废物，据有关单位的统计，2009年，全国工业固体废物排放量为710.7万t，比2008年减少9.1%。但却仍有成千上万吨的固体废物直接倾倒于江湖之中，后果是不言而喻的。

（3）污染大气。堆放的固体废物中的细微颗粒、粉尘等可随风飘扬，从而对大气造成污染。研究表明，当发生4级以上的风力时，在粉煤灰、尾矿堆表层粒径大于1～1.5 cm的颗粒将出现剥离，其飘扬高度可达20～50 m，甚至更高。在风季这些飘扬的颗粒和粉尘可使能见度降低30%～70%。在运输和装卸过程中也会产生有害气体和粉尘；这些粉尘或颗粒物不少都含有对人体有害的成分，有的还是病原微生物的载体，对人体健康造成危害。

由于堆积的废物中某些物质发生分解和化学反应，可以不同程度地产生有毒气体或恶臭，造成地区性大气污染。例如，煤矸石的自燃在我国时有发生，散发出煤烟和大量二氧化硫、二氧化碳、氨气等气体，造成严重的大气污染。采用焚烧法处理固体废物，也成为大气污染的主要污染源之一。美国固体废物焚烧炉约有2/3因缺乏空气净化装置而污染大气。由固体废物进入大气的放射尘，一旦侵入人体，还会由于形成内辐射而引起多种疾病。

固体废物填埋场中逸出的沼气（CH_4）不仅是一种温室气体，能够影响全球气候变化，在局部地区达到一定程度后会消耗其上层空间的氧，使植物衰败。

（4）威胁人体健康。固体废物中的有害物质进入环境之后，会以不同的方式与途径进入人体。根据固体废物的化学特性，相互混合可能会发生不良反应，如燃烧和爆炸之类的热反应，还可能会产生有毒气体，如砷化氢、氰化氢、氯气等，或可燃性气体，如氢气、乙炔等。这些有毒有害物质可通过皮肤接触引起病变，如皮肤接触废强酸强碱，则会发生烧灼性腐蚀作用，有的可引发癌症甚至死亡；有毒有害物质还可能通过呼吸系统进入肺部，引起急性中毒，出现呕吐、头晕等症状；化学固体废物长期堆置与暴露，挥发出有害物质会使人慢性中毒，还可能通过口、鼻、眼等器官吸入体内而影响器官的功能。

58. 固体废物对环境具有哪些潜在的污染特点?

（1）数量巨大、种类繁多、成分复杂。固体废物成分复杂、种类繁多、大小各异，既有无机物又有有机物，既有非金属又有金属，既有有味的又有无味的，既有无毒物又有有毒物，既有单质又有合金，既有单一物质又有聚合物，既有边角料又有设备配件。其构成可谓五花八门、琳琅满目。有人说："垃圾为人类提供的信息几乎多于其他任何东西。"

（2）危害的潜在性、长期性和灾难性。固体废物对环境的污染不同于废水、废气和噪声。它呆滞性大、扩散性小，它对环境的影响主要是通过水、气和土壤进行的。其中污染成分的迁移转化，如浸出液在土壤中的迁移，是一个比较缓慢的过程，其危害可能在数年甚至数十年后才能发现。从某种意义上讲，固体废物，特别是有害废物对环境造成的危害可能要比水、气造成的危害严重得多。

（3）处理过程的终态、污染环境的源头。废水和废气既是水体、大气和土壤环境的污染源，又是接受其所含污染物的环境。固体废物则不同，它们往往是许多污染成分的终极状态。例如：一些有害气体或飘尘，通过治理最终富集成废渣；一些有害溶质和悬浮物，通过治理最终被分离出来成为污泥或残渣；一些含重金属的可燃固体废物，通过焚烧处理，有害金属浓集于灰烬中。但是，这些终态物质中的有害成分，在长期的自然因素作用下，又会转入大气、水体和土壤，成为大气、水体和土壤环境污染的源头。

59. 什么是固体废物处置的“三化”原则?

固体废物处置的“三化”原则是指减量化、资源化和无害化。

（1）减量化。减量化就是通过某种手段减少固体废物的产生量和排放量。如何来减少固体废物的产生量和排放量呢？这一任务的实现，需从两方面着手。①从源头开始治理。目前固体废物的排放量十分巨大。因此，要采用绿色技术和清洁生产工艺，合理地利用资源，最大限度地减少产生和排放固体废物，从源头上直接减少或减轻固体废物对环境的污染和人体健康的危害，最大限度地全面合理开发和利用资源。②改变粗放经营发展模式。就企业而言，应改变粗放经营的发展模式，鼓励和支持开展清洁生产，开发和推广先进的生产技术和设备，遵循循环经济的思想，充分合理地利用原材料、能源和其他资源。

减量化不只是减少固体废物的数量和体积，还包括尽可能地减少其种类，降低危险废物有害成分的浓度，减轻或消除其危险特性等。减量化原则要求对固体废物从源头上进行治理，它是防止固体废物污染环境的优先措施。

（2）资源化。资源化是指采取管理的和工艺的措施从固体废物中回收有用的物质和能源，创造经济价值的广泛的技术方法。固体废物资源化是固体废物的主要归宿。

资源化的概念包括三个范畴。①物质回收。即处理废物并从中回收指定的二次物质，如纸张、玻璃、金属等。②物质转换。即利用废物制取新形态的物质，如利用炉渣生产水泥和建筑材料，利用废橡胶生产铺路材料，利用有机垃圾生产堆肥等。③能量转换。即从废物处理中回收能量，作为热能和电能。如通过有机废物的焚烧处理回收热量，进而发电；通过热解技术，生产工业或民用燃料；利用垃圾厌氧消化产生沼气，作为能源向居民和企业供热或发电。

（3）无害化。无害化是指已产生又无法或暂时尚不能综合利用的固体废物，经过物理、化学或生物的方法，进行对环境无害或低危害的安全处理、处置，达到废物的消毒、解毒或稳定化。

无害化处理的基本任务是将固体废物通过工程处理，达到不损害人体健康、不污染自然环境（包括原生环境和次生环境）的目的。

另外，固体废物的无害化处理工程已发展成为一门崭新的工程技术。如垃圾的焚烧、卫生填埋、堆肥、粪便的厌氧发酵，有害废物的热处理和解毒处理。

60. 什么是固体废物的全过程管理原则？

经历了许多事故与教训之后，人们越来越意识到对固体废物实行源头控制的重要性。由于固体废物本身往往是污染的源头，故需对其产生—收集—运输—综合利用—处理—贮存—处置实行全过程管理，在每一环节都将其作为污染源进行严格的控制。因此，解决固体废物污染控制问题的基本对策是，避免产生（clean）、综合利用（cycle）、妥善处置（control）的所谓“3C”原则。另外，随着循环经济、生态工业园及清洁生产理论和实践的发展，有人提出了“3R”原则，即通过对固体废物实施减少产生（reduce）、再利用（reuse）、再循环（recycle）策略实现节约资源、降低环境污染及资源永续利用的目的。

依据上述原则，可以将固体废物从产生到处置的全过程分为五个连续或不连续的环节进行控制。其中，各种产业活动中的清洁生产是第一阶段，在这一阶段，通过改变原材料、改进生产工艺和更换产品等来控制、减少或避免固体废物的产生。在此基础上，对生产过程中产生的固体废物，尽量进行系统内的回收利用，这是管理体系的第二阶段。对于已产生的固体废物，则通过第三阶段——系统外的回收利用，第四阶段——无害化、稳定化处理，第五阶段——进行固体废物的最终处置来进行处理。

61. 我国固体废物管理制度有哪些?

（1）分类管理制度。固体废物具有量多面广、成分复杂的特点，需对城市生活垃圾、工业固体废物和危险废物分别管理。《固体废物污染环境防治法》第50条规定："禁止混合收集、贮存、运输、处置性质不相容的未经安全性处理的危险废物，禁止将危险废物混入一般废物中贮存。"

（2）工业固体废物申报登记制度。为了使环境保护部门掌握工业固体废物和危险废物的种类、产生量、流向以及对环境的影响等情况，进而进行有效的固体废物全过程管理，《固体废物污染环境防治法》要求实施工业固体废物和危险废物申报登记制度。

（3）固体废物污染环境影响评价制度及其防治设施的"三同时"制度。环境影响评价制度和"三同时"制度是我国环境保护的基本制度，《固体废物污染环境防治法》重申了这一制度。

（4）排污收费制度。固体废物污染与废水、废气污染有着本质的不同，废水、废气进入环境后可以在环境当中经物理、化学、生物等途径稀释、降解，并且有着明确的环境容量。而固体废物进入环境后，不易被其环境所接受，其稀释、降解往往是个难以控制的复杂而长期的过程。严格地说，固体废物是严禁不经任何处置排入环境当中的。根据《固体废物污染环境防治法》的规定，任何单位都被禁止向环境排放固体废物。而固体废物排污费的交纳，则是对那些按规定或标准建成贮存设施、场所前产生的工业固体废物而言的。

（5）限期治理制度。为了解决重点污染源污染环境问题，对没有建设工业固体废物贮存或处理处置设施、场所或已建设施、场所不符合环境保护规定的企业和责任者，实施限期治理、限期建成或改造。限期内不达标的，可采取经济手段直至限令停产的手段。

（6）进口废物审批制度。《固体废物污染环境防治法》明确规定："禁止中国境外的固体废物进境倾倒、堆放、处置""禁止经中华人民共和国过境转移危险废物""国家禁止进口不能用做原料的废物、限制进口可以用做原料的废物"。为贯彻这些规定，国家环境保护局、对外经济贸易合作部、国家工商行政管理局、海关总署和国家商检局1996年联合颁布了《废物进口环境保护管理暂行规定》以及《国家限制进口的可用作原料的废物名录》，规定了废物进口的三级审批制度、风险评价制度和加工利用单位定点制度等。在这些规定的补充规定中，又规定了废物进口的装运前检验制度。

（7）危险废物行政代执行制度。危险废物的有害性决定了必须对其进行妥善处置。《固体废物污染环境防治法》规定："产生危险废物的单位，必须按照国家有关规定处置；不处置的由所在地县以上地方人民政府环境保护行政主管部门责令限期改正；逾期不处置或处置不符合国家有关规定的，由所在地县以上地方人民政府环境保护行政主管部门指定单位按照国家有关规定代为处置，处置费由产生危险废物的单位承担。”

（8）危险废物经营许可证制度。危险废物的危险特性决定了并非任何单位和个人都可以从事危险废物的收集、贮存、处理、处置等经营活动。必须由具备达到一定设施、设备、人才和专业技术能力并通过资质审查获得经营许可证的单位进行危险废物的收集、贮存、处理、处置等经营活动。

（9）危险废物转移报告单制度。也称危险废物转移联单制度，这一制度是为了保证运输安全、防止非法转移和处置，保证废物的安全监控，防止污染事故的发生。

62. 什么是微生物？微生物在环境中有哪些作用？

微生物是指所有形体微小、必须借助显微镜才能看见的低等生物的总称。它既包括细菌、放线菌、立克次氏体、支原体、衣原体、蓝细菌等原核微生物，也包括酵母菌、霉菌、原生动物、微小藻类等真核微生物，还包括非细胞型的病毒和类病毒。因此，微生物不是分类学上的概念，而是一切微小生物的总称。

微生物具有多种特点，其生命活动与人类生活有着极其密切的关系。根据微生物的特点可以将其利用于环境保护工程中。

（1）体积微小，结构简单。在所有生物类群中，微生物的结构相对简单，其体积也非常微小。其个体大小一般只能用微米（μm）表示，所以只能在显微镜下观察它们。如细菌、原生动物、单细胞藻类、酵母菌等都为单细胞生物；再如病毒，甚至连基本的细胞结构也不具备，其大小采用纳米（nm）来表示。因此，大部分微生物都能与环境直接进行物质的交换。认识微生物这一特性，对于研究微生物生理生态及在环境污染治理中的应用都有十分重要的意义。

（2）种类多、分布广。目前已经确定的微生物种数有10万种左右，其中细菌和放线菌约为1 500种。近些年来，由于分离培养方法的改进，微生物的新种、新属、新科，甚至新目、新纲屡见不鲜。

由于微生物个体微小而且非常轻，所以可通过大气运动与水体运动而广泛传播和分布。在地球上，微生物的分布可以说无孔不入、无远不达。从土壤圈、水圈、大气圈直到岩石圈，到处都有微生物的踪迹，人们甚至在85 000 m的高空、10 000 m深的海底、427 m的沉积岩中心以及高达90℃以上的温泉和寒冷的北极冰层中也能发现活细菌。

微生物种类多、分布广的特点，充分说明了微生物资源的丰富性，而目前人类认知并开发利用的微生物种类还很少，所以，微生物资源利用的前景是十分广阔的。

（3）代谢类型多，代谢强度大。微生物分布的广泛性与其生理代谢的类型的多样性是分不开的。微生物的代谢类型极其多样，其“食谱”之广是任何生物都不能比拟的。微生物不仅能够通过多种途径分解天然的有机物来获取自身需要的营养物质和能量，而且能分解一些人工合成的复杂有机物，甚至是氰、酚、多氯联苯等有毒有害的物质，所以它们能够在各种复杂的环境中生存与繁衍。在环境污染物的处理中，能很容易找到用于降解各种污染物质的微生物种类。

微生物不仅代谢类型多，而且代谢的强度也很大。其主要原因就在于微生物形体微小，表面积大，非常有利于细胞吸收营养物质和加强新陈代谢。利用这一特点，可以使处理系统中的污染物质得以迅速降解。

（4）繁殖快，数量多。微生物具有在适宜条件下高速度繁殖的特性。在生物界，微生物繁殖的速度最快，尤其是以二分裂方式繁殖的细菌，其速度更是惊人。例如，大肠杆菌和梭状芽孢杆菌在最合适的条件下，20 min可繁殖一代。如果它始终处在最适宜的条件下，那么一昼夜则可以繁殖72代，产生4.7×10^{21}个后代，48 h后则可产生2.2×10^{43}个，其总质量相当于4 000个地球之重。当然，由于种种因素的限制，这种几何级增殖速度最多只能维持几个小时。一般情况下，培养细菌时，培养液中细菌的浓度通常不超过$10^{8}\sim10^{9}$个/mL。尽管如此，微生物的繁殖速度极快，也由此可见一斑。

同时，由于微生物的营养“食谱”极广，生长繁殖速度极快，代谢类型极多以及代谢强度极大，使得凡是有微生物生存的地方，通常都拥有巨大的数量。例如，土壤中细菌的数量可达每克数亿个，放线菌孢子数可达每克数千万个，霉菌孢子数可达每克百万个，酵母菌可达每克数十万个；全世界海洋中微生物的总质量约为280亿t。

在环境污染控制工程中，可以将适合于处理各类污染物的微生物加以快速繁殖、增殖，使之达到所需的数量或浓度。

（5）变异性强。微生物的个体一般呈单细胞、简单多细胞或者接近于单细胞，通常都是单倍体，易于繁殖而且数量多，并能与外界环境直接接触，因而微生物具有极强的变异性，即使在极低的变异概率下，也可在短时间内产生大量的变异后代。一旦外界环境发生改变，除一部分微生物大量死亡外，仍会有大量的微生物因其结构和生理特性的特异性改变而存活下来，并适应新的环境。

微生物变异性强的特点固然会导致工业生产菌种的退化，使致病菌对抗菌素等药物产生抗药性，从而给人类带来不利；但人类也可以利用这一特点，在环境污染生物处理时，进行微生物的驯化；此外，从环境中选育特定的微生物，使之能分解难降解有机物等工作，也是运用了这一特点。近几十年来，许多人工合成的、难降解的有机物都陆续地找到了能分解它们的微生物种类。

63. 什么是环境污染物的生物降解与转化?

生物降解一般指微生物利用生物酶，经过一系列的生物化学反应，将复杂有机化合物转化为较简单化合物或被完全分解的过程。例如，在微生物作用下，纤维素经纤维多糖、纤维二糖、葡萄糖，最后生成二氧化碳和水；核酸经核苷酸、核苷、嘌呤、嘧啶，最后生成二氧化碳、水、氨和磷酸盐的过程均属于生物降解。

生物转化是指微生物通过代谢，导致有机或无机化合物的分子结构发生某种改变，并生成新的化合物的过程。微生物在合适的环境条件下会使含氮、硫、磷的污染物转化为别的无毒或低毒的化合物，例如有机氮被生物转化为氨态氮或硝态氮。硫酸盐还原菌可使土壤中的硫酸盐还原成硫化氢气体释入大气中；许多土壤中的有机物通过微生物的降解而转化为其他衍生物或二氧化碳和水等无害物，这些都是生物转化。污染物在环境中的转化往往是物理的、化学的和生物的作用伴随发生。

自然环境中的有机化合物，受到光化学的、化学的和生物的作用而降解转化，有时转化很快，有时降解过程非常缓慢。比如考古发掘的古墓中的粮食、古尸经过几千年而不腐变，是因环境条件不适合降解之故。大量科学研究证明，在土壤和水中，生物降解是主要的机制，而微生物又在生物降解中占首要地位。

在自然界，各种转化作用很少孤立地发生。通常，光解或水解反应使化合物分子变小，从而使生物降解容易进行。同时必须认识到，在自然界，完全的生物降解可能是利用了混合种群的作用而非单一菌种的活性。此外，生物降解过程可能产生顽固的中间体，在环境中长期滞留，有的可能有致癌、致畸、致突变作用，威胁人体健康，尽管这种情况是例外而不是规律。

微生物分解有机物的能力是惊人的，可以说，凡自然界中存在的有机物，几乎都能被微生物分解。有些菌种甚至能降解近百种有机物，它能利用其中任何一种作为唯一的碳源和能源进行代谢。

64. 什么是微生物的驯化？

微生物的特点之一就是结构简单易变异。易变异的特性决定了微生物为了生存可以随外界环境的变化而进行改变，从而适应新环境得以生存下去。要用微生物进行污染物的降解转化，适应是一个重要因子。通过适应过程，新的、为微生物所陌生的化合物能诱导必需的降解酶的合成；或由于自发突变而建立新的酶系；或虽不改变基因型，但显著改变其表现型，进行自我代谢调节，来降解、转化污染物。在以上过程中，微生物群体结构向着适应于环境条件的方向变化。

驯化是一种定向选育微生物的方法与过程，它通过人工措施使微生物逐步适应某特定条件，最后获得具有较高耐受力和代谢活性的菌株。在环境微生物学中常通过驯化，获取对污染物具有较高降解效能的菌株，用于废水、废物的净化处理或有关科学实验中。

微生物自身的活性也是影响微生物生物降解的关键因素。微生物的代谢活性决定了其对污染物质降解和转化作用的高低。不同种类微生物对同一有机底物或有毒重金属反应不同。同种微生物的不同菌株反应也不同。微生物的种类组成可以决定化合物降解的方向和程度，微生物的种类组成又与底物有关。当环境中存在能被这种微生物降解的污染物质，即可通过自然富集培养使该种微生物占优势。

微生物在生长速率最快的对数期，代谢最旺盛，活性最强，如果添加有毒物质，由于微生物在此时期的去毒能力最强，微生物受抑制的时间比在迟缓期添加要短得多。

65. 废水生物处理的基本原理与类型是什么？

废水生物处理工艺是多变的，根据微生物去除有机污染物的过程可归纳为絮凝、吸附、氧化和沉淀等四个连续阶段。微生物在废水处理过程中，主要以活性污泥和生物膜的形式存在并起作用。它们之所以能在净化废水中起重要作用，是因为它们具有四个特性。

首先，微生物具有很强的生物吸附能力。吸附作用是发生在微小粒子表面的一种物理化学过程。微生物个体微小，并且具有胶体粒子所具有的许多特性，如细菌表面一般带有负电荷，而废水中有机物颗粒常带正电荷，因此带正电荷的污染物很容易被微生物吸附。活性污泥的表面介于2 000～10 000 m^2/m^3，其表面的黏性物质对废水中的有机物颗粒、胶体物质均具有较强的吸附能力，而对溶解性有机物的吸附能力小。对于悬浮固体和胶体含量较高的废水，通过活性污泥的吸附作用可使废水中的有机物含量减少70%～80%。废水中的重金属离子，如铁离子、铜离子、镉离子、锡离子、铅离子、汞离子等也能被活性污泥和生物膜吸附。废水中有30%～90%的重金属离子可通过生物吸附作用而去除。

其次，微生物具有很强的分解、氧化有机物的能力。被活性污泥和生物膜吸附的大分子有机物质，在微生物胞外酶的作用下，能够水解为可溶性的有机小分子物质，然后透过细胞膜进入微生物体内。这些被吸收到细胞内的有机物，在不同酶系的作用下，要么被氧化分解，释放能量；要么转化为生物体的组成物质。如此，污水中有机污染物通过生物氧化和生物转化不断得到去除，微生物本身也在不断增殖，表现为生物处理系统中生物量的增加。相对于吸附过程，微生物对有机物的氧化分解作用需要较长时间，有的需要几小时甚至几十小时才能完成。

再次，在活性污泥和生物膜中存在着食物链。虽然有机物能通过细菌等腐生营养性微生物的作用而去除，但仅有它们的作用还难以达到处理的目标。如果要达到处理目标，原生动物等动物性营养的微生物对细菌的捕食作用是不可或缺的。实际上，在活性污泥和生物膜中通常都存在着这样的食物链：有机物→细菌→原生动物→微型后生动物。

食物链越长，能量消耗的比例也就越大，在这样的系统中存在的生物量也相应的比较少。有数据表明，由细菌得到原生动物的收率约为0.5，由细菌得到微型后生动物的收率约为0.3，如果微型后生动物捕食原生动物，则产生的生物量更少。为了减轻生物处理洗脱中污泥处理的负担，尽可能减少剩余污泥的产生量，正是人们所希望的。

最后，活性污泥具有良好的絮凝沉降性能。在污水生物处理系统中，具有荚膜和黏液层的细菌相互粘连形成菌胶团，而菌胶团之间的粘连就形成了体积较大的污泥絮体，如果黏附在载体上即形成生物膜。另外，纤毛类原生动物可通过纤毛和分泌的多糖及黏蛋白，对污泥絮体的形成起到促进作用。

在活性污泥生物处理系统中，活性污泥也是污染物的重要组成部分，由于其具有絮状结构，因而具有良好的沉降性能，从而使得处理水比较容易地与污泥分离，最终达到废水净化的目的。

根据不同的标准，废水生物处理可以划分为不同的类型。

（1）按所利用的微生物种类划分。根据生物处理系统中的微生物种类，可把废水生物处理分为好氧生物处理、厌氧生物处理和兼性生物处理。活性污泥法是好氧生物处理的代表，厌氧消化是厌氧处理的代表。好氧生物膜法则具有兼性生物处理的特点，在生物膜表层主要由好氧微生物起作用，而在生物膜内部则主要由兼性厌氧微生物起作用。

（2）按微生物的存在状态划分。根据生物处理系统中微生物的存在状态，可把废水生物处理分为悬浮生长系统和附着生长系统（生物膜）。在悬浮生长系统里，微生物群体以悬浮状态存在于废水中，起着降解废水中有机物的作用，如好氧活性污泥法；在附着生长系统中，微生物群体附着于填料上生长繁殖，群体扩展、加厚，形成生物膜，废水通过时，其中的污染物因生物膜的作用而被降解，如生物滤池；上流式污泥床工艺则被认为是悬浮系统与附着生长系统的结合。

（3）按反应器的类型划分。在废水生物处理过程中，人们设计开发了多种结构和操作类型的生物反应器。按照反应器的操作方式，可分为间歇式反应器和连续式反应器；按照反应器的水力流态，可分为全混合式反应器（如完全混合式曝气池）和推流式反应器（如推流式曝气池）；按照反应器中的物料状态，可分为固定床反应器（如生物滤池）和流化床反应器（如好氧流化床）等。

（4）按被处理的污染物种类划分。根据被处理的污染物种类，可把废水生物处理分为生物除碳、生物脱氮和生物除磷。生物除碳主要是去除废水中的碳质COD或碳质BOD_5，包括各种二级生物处理；生物脱氮主要是利用微生物的硝化和反硝化作用，去除废水中的各种含氮污染物；生物除磷主要是利用微生物的过量摄磷作用，去除废水中的各种含磷物质。

废水生物处理的详细分类如图2所示。

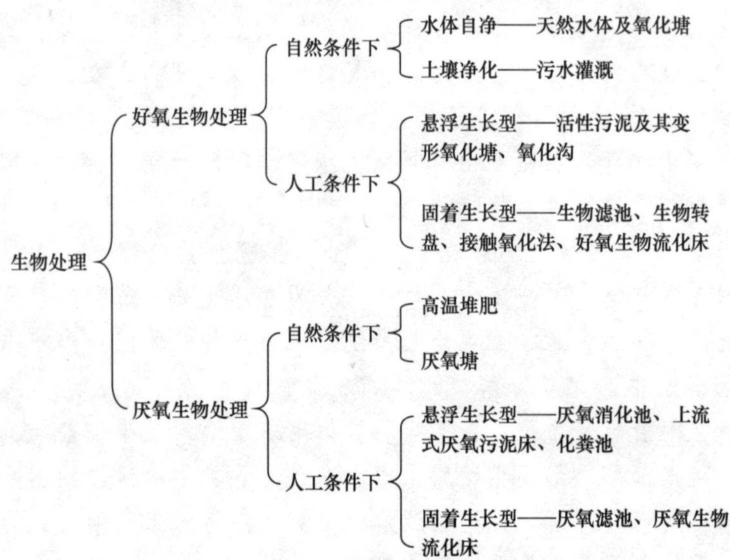

图2　废水生物处理的分类

四、环境监测

66. 什么是环境监测？环境监测有哪些类型？

环境监测是运用各种分析手段、测试手段对影响环境的质量因素的代表值进行测定，以确定环境质量（或污染程度）及其变化趋势。环境监测的直接目的一是确定环境质量水平，二是掌握环境污染的程度。

总体来讲，环境监测具有两方面的含义。

其一，环境监测是一种技术手段。随着人类科学技术水平的提高，目前环境监测技术已经涉及化学、物理、仪器仪表、自动化、传感、计算机、遥感卫星等多种学科和技术，已经具备了快速、准确、全面、深入地了解环境质量与环境污染程度的能力。

其二，环境监测是一种管理手段。监测一词有监视、测定、监控等方面的含义，这些含义里有管理的意思。依据环境监测取得的环境质量、污染程度等数据，可制定有关环境管理方面的法律、法规，确定环境管理的目标。还可利用环境监测的手段对建设项目的环境保护措施、污染治理设施的运行效果等进行监督、考核、验收等。

作为环境保护工作的基础，环境监测既是环境管理的重要手段，也是环境决策的重要依据。环境监测在人类防治环境污染、解决现存的或潜在的环境问题，改善生活环境和生态环境，协调人与环境的关系，最终实现人类的可持续发展的活动中起着举足轻重的作用。

有毒化学物污染的监测和控制，无疑是环境监测的重点。目前，世界上已知的化学品已经有数千万种之多，而且每年都不断地涌现出大量新的化学品。进入环境的化学物质已达10万种以上，不论从人力、物力、财力或从化学毒物的危害程度和出现频率的实际情况来讲，人们都不可能对每一种化学品进行监测、实行控制，而只能有重点、有针对性地对部分污染物进行监测和控制。这就必须确定一个筛选原则，对众多有毒污染物进行分级排队，从中筛选出潜在危害大、在环境中出现频率高的污染物作为监测和控制的对象。这一筛选过程就是数学上的优选过程，经过优先选择的污染物被称为环境优先污染物，简称优先污染物。对环境优先污染物进行的监测称为优先监测。

环境监测的类型可按监测对象的介质类型进行划分，也可按监测目的进行划分。

（1）按监测对象划分，可分为水质监测、空气监测、土壤监测、固体废物监测、生物监测、生态监测、噪声和振动监测、电磁辐射监测、放射性监测、热监测、光监测、卫生（病原体、病毒、寄生虫等）监测等。

（2）按监测目的划分，可分为监视性监测、特定监测和研究性监测。

1）监视性监测（又称例行监测或常规监测）。对指定的有关项目进行定期的、长时间的监测，以确定环境质量及污染源状况、评价控制措施的效果，衡量环境标准实施情况和环境保护工作的进展。这是监测工作中量最大、面最广的工作。监视性监测包括对污染源的监督监测（对污染物浓度、排放总量、污染趋势等进行监测）和环境质量监测（对所在地区的空气、水质、噪声、固体废物等监督监测）。

2）特定监测（又称特例监测或应急监测）。特定监测根据特定的目的可分为四种。①污染事故监测。在发生污染事故时进行应急监测，以确定污染物扩散方向、速度和危及范围，为控制污染提供依据。这类监测常采用流动监测（利用车、船等进行监测）、简易监测、低空航测、遥感等手段。②仲裁监测。主要针对污染事故纠纷、环境法执行过程中所产生的矛盾进行监测。仲裁监测应由国家指定的权威部门进行，以提供具有法律责任的数据（公正数据），供执行部门、司法部门仲裁。③考核验证监测。主要是为环境管理制度和措施实施考核验证方面的各种监测。包括人员考核、方法验证，以及排污许可、目标责任制、企业等级的环保指标的考核，还包括建设项目“三同时”竣工验收监测、治理项目竣工验收监测等。④咨询服务监测。为政府部门、科研机构、生产单位所提供的服务性监测。例如，建设新企业应进行环境影响评价，需要按评价要求进行监测。

3）研究性监测（又称科研监测）。研究性监测是针对特定目的的科学研究而进行的高层次的监测。例如：环境本底的监测及研究；有毒有害物质对从业人员的影响研究；为监测工作本身服务的科研工作的监测如统一方法、标准分析方法的研究标准物质研制等。这类研究往往要求多学科合作进行。

67. 环境监测的目的是什么？

环境监测的目的是准确、及时、全面地反映环境质量现状及发展趋势，为环境管理、污染源控制、环境规划等提供科学依据。具体可分述如下：

（1）将环境质量监测所得各环境因子的数据与环境质量标准相比较，进而评价环境质量的状况。

（2）通过环境污染源监测掌握污染物的来源、种类、排放速度、排放总量，了解污染物在环境中的迁移、转化规律，为实现监督管理、控制污染提供依据。

（3）收集环境背景数据，积累长期监测资料，为研究环境容量、实施总量控制、目标管理、预测预报环境质量提供依据。

（4）通过监测确定环保设施运行效果，以便采取措施和管理对策，达到减少污染、保护环境的目的。

（5）为保护人类健康，保护环境，合理使用自然资源，制定环境法规、标准、规划等服务。

（6）为环境科学研究提供科学依据。

68. 如何制定环境监测方案?

监测方案是一项监测任务的总体构思和设计，制定环境监测方案的指导方针是环境监测的技术路线。制定监测方案时必须首先明确监测目的，然后在调查研究的基础上确定监测对象、设计监测网点，合理安排采样时间和采样频率，选定采样方法和分析测定技术，提出监测报告要求，制定质量保证程序、措施和方案的实施计划等。

根据环境监测的工作内容的不同，环境监测方案有环境质量监测的监测方案、污染源监测的监测方案、环境工程项目的监测方案、环境影响评价的监测方案等不同的类别。

根据监测要素的不同，监测方案也有差别。例如，水和气的监测方案应强调优化布点、试样采集、保存与传输等，而噪声监测只有点位布设，相对水、气监测方案要简单得多。一般来说，环境监测方案的内容如图3所示。

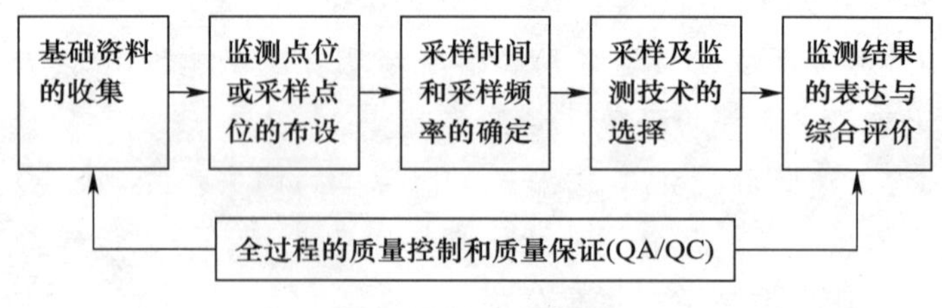

图3　环境监测流程图

69. 常规监测确定的项目一般包括哪些内容？

空气常规监测的项目中包括规定的监测项目和选测的监测项目，一般有二氧化硫、二氧化氮、总悬浮颗粒物、PM10、一氧化碳、臭氧、有毒有机物、NMHC&CH_4、二氧化碳等。规定的监测项目为必测项目，选测的监测项目一方面根据重点城市、一般城市（自动监测）、一般城市（连续采样—实验室分析）、空气背景站、典型区域农村空气监测站等对空气监测项目的要求确定，另一方面也要考虑监测区域的气候条件、地理特征、工业类型与工业布局等情况，甚至也要考虑监测站的人力、物力以及技术条件等方面的因素来确定。

地表水常规监测的项目包括必测的监测项目、选测的监测项目和特定的监测项目。根据地表水类型的不同，必测的监测项目、选测的监测项目略有不同。地表水类型一般包括河流、湖泊水库、饮用水源等，其中河流的必测项目有11项，选测项目有13项，一共24项；湖泊水库的必测项目有15项、选测项目有13项，一共28项；饮用水源对水质的要求较高，其监测项目也较多，其必测项目与选测项目合计为28项。选测的监测项目和特定的监测项目一般也是根据监测区域的水文条件、地理条件、工业类型和工业布局情况来确定，同时还要考虑监测站的人力、物力以及技术条件等方面的因素。

环境噪声监测的监测项目相对比较简单，主要包括城市功能区噪声、城市道路交通噪声、城市区域环境噪声等三项。

固体废物的监测项目目前包括危险废物的毒性试验鉴别和固体废物的监测分析两部分。危险特性的必测项目包括易燃性、腐蚀性、反应性、浸出毒性、急性毒性、放射性，选测项目为爆炸性、生物蓄积性、刺激性、感染性、遗传变异性、水生生物毒性。固体废物的监测分析项目包括砷、铍、铋、镉、钴、总铬、六价铬、铜、汞、锰、镍、铅、锑、硒、锡、铊、钒、锌、氯化物、氰化物、氟化物、硝酸盐、硫化物、硫酸盐、油分、pH值；卤代挥发性有机物、非卤代挥发性有机物、芳香族挥发性有机物、半挥发性有机物、1,2-二溴乙烷、1,2-二溴-3-氯丙烷、丙烯醛、丙烯腈、酚类、酞酸酯类、亚硝胺类、有机氯农药及PCBs、硝基芳烃类和环酮类、多环芳烃类、卤代醚、有机磷农药类、有机磷化合物、氯代除草剂、二噁英类。

土壤常规监测项目的确定主要考虑土壤污染对农作物的影响情况，监测项目也分为必测项目和选测项目。必测项目又分为基本项目（包括土壤pH值和阳离子交换量）和重点项目（主要是镉、铬、汞、砷、镍、铜、锌等几种重金属物质）；选测项目分为影响产量项目、污水灌溉项目、农药残留项目、其他污染项目等几个方面，可根据监视、监督的侧重点进行选择。

70. 如何设置污水监测的点位？如何采集？

污水是流量和浓度都随时间变化的非稳态流体，采集的样品应能反映这种变化情况、具有代表性，满足总量控制和浓度控制相结合的管理要求，所以合理确定采样点位显得尤为重要。

水污染源一般经管道或渠、沟排放，截面积比较小，所以不需设置监测断面，而应直接确定采样点位。

（1）污水监测点位布设原则

1）含第一类污染物的废水采样点位的设置。含第一类污染物的废水，不分行业和废水排放方式，也不按受纳水体的功能类别，采样点位一律设在车间或车间处理设施的排放口或专门处理此类污染物设施的排口。

2）含第二类污染物的废水采样点位的设置。含第二类污染物的废水，采样点位一律设在排污单位的废水外排口。

3）污水处理设施效率监测采样点的设置。①对整体污水处理设施进行效率监测时，在各种进入污水处理设施的入口和总排口设置采样点。②对各污水处理单元进行效率监测时，在各种进入处理设施单元的入口和设施单元的排口设置采样点。

（2）污水采样位置的确定。污水的采样位置应在采样断面的中心。当水深大于1 m时，应在表层下1/4深度处采样；水深小于或等于1 m时，在水深的1/2处采样。

（3）采样点位的登记。必须在全面掌握与污染源污水排放有关的工艺流程、污水类型、排放规律、污水管网走向等情况的基础上确定采样点位，由地方环境监测站核实后确定采样点位。排污单位需向地方环境监测站提供废水监测基本信息登记表。

（4）采样点位的管理。①采样点位应设置明显标志。采样点位一经确定，不得随意改动，应执行《环境保护图形标志——排放口（源）》（GB 15562.1—1995）标准。②经设置的采样点应建立采样点管理档案，内容包括采样点性质、名称、位置和编号、排污规律和排污去向、采样频次及污染因子等。③经确认的采样点是法定排污监测点，如因生产工艺或其他原因需变更时，由当地环境保护行政主管部门和环境监测站重新确认。排污单位必须经常进行排污口清障、疏通工作。

（5）采样时间和频次的确定。工业废水的污染物含量和排放量常随工艺条件及开工率的不同而有很大差异，故采样时间、周期和频率的选择是一个较复杂的问题。

1）监督性监测。地方环境监测站对污染源的监督性监测每年不少于1次，如被国家或地方环境保护行政主管部门列为年度监测的重点排污单位，应增加到每年2～4次。因管理或执法的需要所进行的抽查性监测或对企业的加密监测由各级环境保护行政主管部门确定。

2）企业自我监测。工业废水按生产周期和生产特点确定监测频率。一般每个生产日至少3次。

3）对于污染治理、环境科研、污染源调查和评价等工作中的污水监测，其采样频次可以根据工作方案的要求另行确定。

4）排污单位为了确认自行监测的采样频次，应在正常生产条件下的一个生产周期内进行加密监测。周期在8 h以内的，每小时采1次样；周期大于8 h的，每2 h采1次样，但每个生产周期采样次数不少于3次。采样的同时测定流量。根据加密监测结果，绘制污水污染物排放曲线（浓度—时间，流量—时间，总量—时间），并与所掌握资料对照，如基本一致，即可据此确定企业自行监测的采样频次。根据管理需要进行污染源调查性监测时，也按此频次采样。

5）排污单位如有污水处理设施并能正常运转使污水能稳定排放，则污染物排放曲线比较平稳，监督监测可以采瞬时样；对于排放曲线有明显变化的不稳定排放污水，要根据曲线情况分时间单元采样，再组成混合样品。正常情况下，混合样品的单元采样不得少于两次。如排放污水的流量、浓度甚至组分都有明显变化，则在各单元采样时的采样量应与当时的污水流量成比例，以使混合样品更有代表性。

（6）采样方法

1）污水的监测项目根据行业类型有不同要求。在分时间单元采集样品时，测定pH、COD、BOD_5、溶解氧（DO）、硫化物、油类、有机物、余氯、粪大肠菌群、悬浮物、放射性等项目的样品，不能混合，只能单独采样。

2）自动采样用自动采样器进行，有时间等比例采样和流量等比例采样。当污水排放量较稳定时可采用时间等比例采样，否则必须采用流量等比例采样。所用的自动采样器必须符合国家环境保护部颁布的污水采样器技术要求。

（7）污水采样注意事项。①用样品容器直接采样时，必须用水样冲洗3次后再行采样。但当水面有浮油时，采油的容器不能冲洗。②采样时应注意除去水面的杂物、垃圾等漂浮物。③采样时应认真填写污水采样记录表，表中应有以下内容：污染源名称、监测目的、监测项目、采样点位、采样时间、样品编号、污水性质、污水流量、采样人姓名及其他有关事项等。④凡需现场监测的项目，应进行现场监测。其他注意事项可参见地表水质监测的采样部分。

71. 废气采样点如何布设?

废气污染源包括固定污染源和流动污染源。固定污染源又分为有组织排放源和无组织排放源。有组织排放源指烟道、烟囱及排气筒等；无组织排放源指设在露天环境中的无组织排放设施或无组织排放的车间、工棚等。流动污染源指汽车、摩托车、火车、飞机、轮船等交通运输工具排放的废气。有组织排放源的废气样品的采集，通常是用采样管从烟道中抽取一定体积的烟气，若要获得代表性的废气样品和尽可能地节约人力、物力，需要正确地选择采样位置和确定合适的采样点数目。

（1）采样断面位置。采样位置避开对测试人员操作有危险的场所。

1）烟道颗粒物采样。采样位置应优先选择在垂直管段，避开烟道弯头和断面急剧变化的部位。采样位置应设置在距弯头、阀门、变径管等阻力构件下游方向不小于6倍直径、距上述部件上游方向不小于3倍直径处。测试现场空间位置有限，很难满足上述要求时，可选择比较适宜的管段采样，但采样断面与弯头等阻力构件的距离应至少是烟道直径的1.5倍，并应适当增加测点的数量和采样频次。采样断面的气流速度最好在5 m/s以上。对矩形烟道，其当量直径$D=2AB/(A+B)$，式中A，B为边长。

2）气态污染物采样。由于气态污染物混合较均匀，采样位置可不受上述规定限制，但应避开涡流区。如果同时测定排气流量，采样位置仍按1）选取。

·（2）采样点数目。采样点的位置和数目主要根据烟道断面的形状、尺寸大小和流速分布情况确定。烟道的形状一般有圆形、矩形（或方形）、拱形，不同形状烟道的采样点的布设方法不同。

1）圆形烟道。在选定的采样断面上两个垂直方向分别开采样孔，根据烟道的内径大小划分适当数量的等面积同心圆环，沿着两个采样孔中心线设采样点。若采样断面上气流速度较均匀，可设一个采样孔，采样点数减半。当烟道直径小于0.3 m、流速分布均匀时，可在烟道中心设一个采样点，原则上测点不超过20个。

2）矩形（或方形）烟道。将烟道断面划分为适当数量的等面积矩形（或方形）小块，以各个矩形（或方形）小块的中心为采样点，原则上测点不超过20个。

3）拱形烟道。圆形部分按圆形烟道布点，方形部分按方形烟道布点。

在能满足测压管和采样管达到各采样点位置的情况下，尽可能少开采样孔，一般开两个互成90° 的孔。采样孔的内径应不小于80 mm，采样孔管长应不大于50 mm。不使用时应用盖板、管堵或管帽封闭。当采样孔仅用于采集气态污染物时，其内径应不小于40 mm。对正压下输送高温或有毒气体的烟道，应采用带有闸板阀的密封采样孔。

（1）监测点周围50 m范围内不应有污染源；采样口周围水平面应保证270° 以上的捕集空间，如果采样口一边靠近建筑物，采样口周围水平面应有180° 以上的自由空间。

（2）手工间断采样，其采样口高度应离地面1.5～15 m；自动监测，其采样口或监测光束高度应离地面3～15 m；道路交通的污染监控点，其采样口高度应离地面2～5 m；在建筑物上采样，其采样口离建筑物墙壁、屋顶等支撑物表面的距离应大于1 m。

（3）当某监测点需设置多个采样口时，为防止其他采样口干扰颗粒物样品的采集，颗粒物采样口与其他采样口之间的直线距离应大于1 m。若使用大流量总悬浮颗粒物（TSP）采样装置进行并行监测，其他采样口与颗粒物采样口的直线距离应大于2 m。

（4）对于空气质量评价点，应避免车辆尾气或其他污染源直接对监测结果产生干扰。

72. 废气采样的方法有哪些？

（1）颗粒物的采集

1）采样原则。①等速采样。颗粒物具有一定的质量，在烟道中由于本身运动的惯性作用，不能完全随气流改变方向，为了从烟道中取得有代表性的烟尘样品，需等速采样，即烟气进入采样嘴的速度应与采样点的烟气速度相等。②多点采样。由于颗粒物在烟道中的分布是不均匀的，要取得有代表性的烟尘样品，必须在烟道断面按一定的规则多点采样。

2）采样方法。①移动采样。用同一个滤筒在已确定的各采样点上移动采样，各采样点的采样时间相同，计算烟道断面上颗粒物的平均浓度。②定点采样。在每个测点上采一个样，求出采样断面的颗粒物平均浓度，并可了解烟道断面上颗粒物浓度变化情况。③间断采样。适用于周期性变化的排放源，根据工况变化及其延续时间，分时段采样，按时间平均加权计算断面的颗粒物平均浓度。

（2）气态污染物的采集。由于气态污染物在采样断面内分布比较均匀，不需要多点采样，在靠近烟道中心的任何一点都可采集到具有代表性的气样。同时，气体分子质量极小，可不考虑惯性作用，故也不需要等速采样。其采样方法有化学法采样和仪器直接测试法采样。

1）化学法采样。通过采样管将样品抽入装有吸收液的吸收瓶或装有固体吸附剂的吸附管、真空瓶、注射器或气袋中，样品溶液或气态样品经化学分析或仪器分析得出污染物含量。

2）仪器直接测试法采样。通过采样管、颗粒物过滤器和除湿器，用抽气泵将样气送入分析仪器中，直接指示被测气态污染物的含量。因为烟气湿度大、温度高、烟尘及有害气体浓度大，并具有腐蚀性，故在采样管头部应装有烟尘滤器，采样管需要加热或保温并且耐腐蚀，防止水蒸气冷凝而导致被测组分损失。

73. 固体废物监测时采样点如何布设?

对于堆存、运输中的固体废物和大池中的液态废物，可按对角线形、梅花形、棋盘形、蛇形等点分布确定采样点。对于粉末状、小颗粒固体废物，可按垂直方向在一定深度的部位确定采样点。

对于运输车及容器内的固体废物，可按上层（表面下相当于总体积的1/6深处）、中层（表面下相当于总体积的1/2深处）、下层（表面下相当于总体积的5/6深处）确定采样点。在车中，采样点应均匀分布在车厢的对角线上，端点距车角应大于50 cm，表层去掉30 cm。

对于废渣堆，在渣堆两侧距堆底0.5 m处画第一条横线，然后每隔0.5 m画一条横线；再每隔2 m画一条横线的垂线，以其交点作为采样点。按相关标准确定的采样单元数，确定采样点数，在每点上从0.5~1.0 m深处各随机采样一份。

74. 危险固体废物监测的鉴别要点有哪些?

根据国家危险废物鉴别标准，危险废物的毒性识别主要是急性毒性初筛和浸出毒性鉴别。急性毒性初筛的鉴别标准是经口摄取：固体LD_{50}≤200 mg/kg，液体LD_{50}≤500 mg/kg；经皮肤接触：LD_{50}≤1 000 mg/kg；蒸汽、烟雾或粉尘吸入：LC_{50}≤10 mg/L。危险废物浸出毒性鉴别分为无机元素及化合物、有机化合物和有机农药类三部分。具体浸出毒性鉴别标准值参阅相关标准。

（1）无机物成分包括铜、锌、镉、铅、总铬、六价铬、烷基汞、汞及其化合物、铍、钡、镍、总银、砷、硒、无机氟化物和氰化物。

（2）一般有机物成分包括非挥发性有机化合物和挥发性有机化合物。非挥发性有机化合物包括硝基苯、二硝基苯、对-硝基氯苯、2,4-二硝基氯苯、五氯酚及五氯酚钠（以五氯酚计）、苯酚 、2,4-二氯酚、2,4,6-三氯酚、苯并［a］芘、邻苯二甲酸二丁酯、邻苯二甲酸二辛酯、多氯联苯。挥发性有机化合物包括苯、甲苯、乙苯、二甲苯、氯苯、1,2-二氯苯、1,4-二氯苯、丙烯腈、三氯甲烷、四氯化碳、三氯乙烯、四氯乙烯。

（3）有机农药类有毒有害有机物成分包括DDT、六六六、乐果、对硫磷、甲基对硫磷、马拉硫磷、氯丹、六氯苯、毒杀芬、灭蚁灵。

75. 工业企业厂界环境噪声的监测方法有哪些？

（1）测量仪器。测量仪器应为2型以上积分平均声级计或环境噪声自动监测仪。测量35 dB以下的噪声应使用1型声级计，且测量范围应满足所测量噪声的需要。每次测量前、后必须在测量现场进行声学校准，其前、后校准示值偏差不得大于0.5 dB，否则测量结果无效。

（2）监测点位。根据工业企业声源、周围噪声敏感建筑物的布局以及毗邻的区域类别，在工业企业厂界布设多个测点，其中包括距噪声敏感建筑物较近以及受被测声源影响大的位置。也可根据监测目的进行点位布设。为了解企业厂界噪声分布，可采用等距离间隔或等声级间隔的方法在整个厂界布点；为了解厂界噪声扰民情况，可在企业周围有敏感建筑处的厂界布点；为建立区域环境噪声污染源档案，可在企业噪声级最高处选设点位。鉴于一些工业生产活动中使用的固定设备可能是独立分散的，《工业企业厂界环境噪声排放标准》规定，各种产生噪声的固定设备的厂界为其实际占地的边界。一般情况下，测点选在工业企业厂界外1 m、高度1.2 m以上、距任一反射面距离不小于1 m的位置。测点位置其他规定参照社会生活环境噪声监测点位。

（3）测定方法。测量应在无雨雪、无雷电天气，风速为5 m/s以下时进行。不得不在特殊气象条件下测量时，应采取必要措施保证测量的准确性，同时注明当时所采取的措施及气象情况。测量分为昼间、夜间两个时段，在被测声源正常工作时间进行，同时注明当时的工况。

测量时传声器应水平设置并加防风罩，应高于地面1.2 m。选用A计权，调试好后时间计权特性设为快挡（即F挡），采样时间间隔不大于1 s，进行自动测量。当被测声源是稳态噪声时，采用1 min的等效声级；被测声源是非稳态噪声时，测量被测声源有代表性时段的等效声级，必要时测量被测声源整个正常工作时段的等效声级。夜间有频发、偶发噪声影响时同时测量最大声级。

测量需做测量记录，且同时测量背景噪声，记录内容与背景噪声修正方法参见社会生活环境噪声监测方法。

（4）结果评价。依据《工业企业厂界环境噪声排放标准》中工业企业厂界环境噪声排放限值和结构传播固定设备室内噪声排放限值的规定，对各个测点的测量结果应单独评价。同一测点每天的测量结果按昼间、夜间进行评价；最大声级L_{max}直接评价。

76. 工业企业内部环境噪声的监测方法有哪些?

（1）监测点位。车间内部的测点，要根据车间大小和声级波动情况选择。若车间较小且车间内各处的A声级的差别不大（小于3 dB），只在车间内选择1~3个测点；若车间较大且车间内各处A声级的差别较大（大于3 dB），则要按声级大小将车间划分为若干个区域，每个区域应包括工人经常活动和工作的地方，任意两个区域的A声级差应大于3 dB，每个区域内设1个测点。

（2）测定方法。测量应在工厂正常的生产时间内进行，分昼夜两部分。测量时注意减少环境因素（如气流、电磁场、温度和湿度）对测量结果的影响。所用测量仪器应为2型以上积分平均声级计或环境噪声自动监测仪。每次测量前、后必须在测量现场进行声学校准，其前、后校准示值偏差不得大于0.5 dB，否则测量结果无效。传声器应水平设置，置于工作人员耳朵位置，但工作人员需离开工作岗位。选用A计权，调试好后时间计权特性设为快挡（即F挡），采样时间间隔不大于1 s，进行自动测量。当被测声源是稳态噪声，采用1 min的等效声级。被测声源是非稳态噪声，声级涨落在3~10 dB范围内，测量10 min的等效声级；声级涨落在10 dB以上，测量20 min的等效声级。夜间有频发、偶发噪声影响时，同时测量最大声级。测量需做测量记录。

（3）结果评价。依据《工业企业设计卫生标准》（GBZ 1—2010）中《工业企业噪声卫生标准》的规定对工业企业内部环境噪声是否超标进行判定。

五、环境影响评价与环境管理体系

77. 什么是环境影响评价?

环境影响评价是指对拟议中的建设项目、区域开发计划和国家政策实施后可能对环境产生的影响(后果)进行的系统性识别、预测和评估,并提出减少这些影响的对策措施。环境影响评价是在长期进行环境保护活动的实践中发展起来的一种科学方法或者说是一种技术手段,通过这种方法或者手段来预防或者减轻环境污染与生态破坏。这种方法或者手段不是固定不变的,而是随着理论研究和实践经验的发展,随着科学技术的进步,不断地改进、发展和完善的。在经济发展中,环境影响评价作为这样一种科学技术工具,就是用来解决和协调经济发展和保护环境两者矛盾的手段。

环境影响评价的主要内容包括:分析该活动环境影响的来源;调查该活动涉及地区的环境状况;定量、半定量或定性的预测其实施各过程的影响;在此基础上做全面评估与结论;提出减少或预防环境影响的措施;对该项目的方案选择提出建议;有条件时可提出环境经济损益分析。

理想的环境影响评价应满足下列条件:①基本上适用于所有可能对环境造成显著影响的项目,并能够对所有可能的显著影响做出识别和评估。②对各种替代方案(包括项目不建设或地区不开发的情况)、管理技术、减缓措施进行比较。③生成清楚的环境影响报告书(EIS),以使专家和非专家都能了解可能的影响的特征及其重要性。④包括广泛的公众参与和严格的行政审查程序。⑤及时、清晰的结论,以便为决策提供信息。

环境影响评价的主体依各国环境影响评价制度而定。中国的环境影响评价主体可以是学术研究机构、工程、规划和环境咨询机构等，但必须获得国家或地方环境保护行政机构认可的环境影响评价资格证书。

78. 环境影响评价有哪些类型?

根据目前人类活动的类型及其对环境的影响程度，可将环境影响评价分为单个建设项目的环境影响评价、区域开发的环境影响评价、生态环境影响评价和社会经济环境影响评价。

（1）单个建设项目的环境影响评价。单个建设工程的环境影响评价是环境影响评价体系的基础，具有评价内容和评价结论针对性强的特点，主要对工程的选址、生产规模、产品方案、生产工艺、工程对环境和社会的影响进行评估，提出减缓和防范这种影响的措施。它与建设项目的可行性研究同时进行并有明确结论。

（2）区域开发的环境影响评价。区域开发的环境影响评价指的是对区域内拟议的所有开发建设行为进行的环境影响评价，具有战略性，着眼于在一个区域内如何合理地进行建设，强调把整个区域作为整体来考虑。评价的重点是论证区域内未来的建设项目的布局的选址、开发规划、总体规模是否合理，同时也重视区域内的建设项目的布局、结构、性质、规模，并对区域的排污量进行总量控制，为使区域的开发建设对周围环境的影响控制在最低水平，提出相应的减轻影响的具体措施。

（3）生态环境影响评价。生态环境影响评价是通过定量揭示和预测人类活动对生态环境以及对人类健康和经济发展的影响，确定一个地区的生态负荷或环境容量，或通过许多生物和生态的概念和方法，预测和估计人类活动对自然生态系统的结构和功能所造成的影响。主要评价内容有生态环境影响评价的级别和范围、生态环境影响识别、生态环境现状调查、生态现状评价、生态影响预测和生态影响的减缓措施和替代方案。

（4）社会经济环境影响评价。社会经济环境影响评价指的是为了避免人类活动对社会经济环境的不良影响，或者改善社会经济环境质量，在待建项目或计划、政策实施之前，通过深入全面的调查研究，对被影响区域社会经济环境可能受到的影响内容、作用机制、过程、趋势等进行系统的综合模拟、预测和评估，并据此提出评价意见和预防、补偿与改进措施，从而为科学决策和管理提供切实依据的一整套理论、方法、手段等。主要内容包括社会经济环境影响及主要环境问题、社会经济效果、美学及历史学环境影响分析。

79. 环境影响评价的原则是什么？

（1）科学性。环境影响评价的科学性是指在环境影响评价工作中必须客观地、实事求是地认识开发活动对环境的影响及其环境对策。在开发决策时，坚持从国家的长远利益出发，公平地给出结论，使环境影响评价工作的环境影响预测和决策分析准确、可靠。因而环境影响评价工作真正发挥作用的前提就是它的科学性。

（2）综合性。环境影响评价的综合性是指在环境影响评价工作中，不仅要注意开发活动对单个环境要素和过程的影响，而且要注意对各要素和过程间相互联系和作用的影响，注意环境对策的后果及环境影响的社会经济后果。环境是一个整体，各环境要素和过程之间存在密切联系和作用，只有从环境是一个整体的观点出发进行综合分析研究，才能解决环境问题。

（3）实用性。环境影响评价的实用性是指必须按开发决策的要求确定环境影响评价工作的内容、深度，力求工作内容精练、所需资金较少、工作周期较短，从而在开发决策中及时发挥环境影响评价工作的作用。环境影响评价工作是一项综合性很强的工作。环境影响评价工作的主要力量应集中在着重研究那些受开发活动影响的要素和过程方面，着重研究它们受开发活动影响后的变化、过程和后果，这样才能适应开发决策的需要。

80. 环境影响评价是如何分级、分类管理的?

凡新建或改扩建工程，应根据国家环境保护部《建设项目环境保护分类管理名录》的规定编制环境影响报告书、环境影响报告表或填报环境影响登记表。

（1）编写环境影响报告书的项目。新建或改扩建工程对环境可能造成重大的不利影响，这些影响可能是敏感的、不可逆的、综合的或以往尚未有过的。这类项目需要做全面的环境影响评价。

（2）编写环境影响报告表的项目。新建或改扩建工程可能对环境产生有限的不利影响，这些影响是较小的或者减缓影响的补救措施是很容易找到的，通过规定控制或补救措施可以减缓对环境的影响。这类项目可直接编写环境影响报告表，对其中个别环境要素或污染因子需要进一步分析的，可附单项环境影响评价专题报告。

（3）填报环境影响登记表的项目。对环境不产生不利影响或影响极小的建设项目，只填报环境影响登记表。

国家环境保护部根据分类原则确定评价类别，如需要进行环境影响评价，编写环境影响报告书（表）则由建设单位委托有相应评价资格证书的单位来承担。

对建设项目环境影响评价进行分类管理，体现了管理的科学性，既保证了批准建设的新项目不对环境产生重大不利影响，又加快了项目前期工作进度，简化了手续，促进了经济建设。

81. 环境影响评价有哪几种常用方法？

（1）定性分析方法。定性分析方法是环境影响评价工作中广泛应用的方法，这种方法主要用于不能得到定量结果的情况。该方法的优点是相对简单，可用于无法进行定量预测和分析的情况，只要运用得当，其结果也有相当的可靠性。但该方法不能给出较精确的预测和分析结果，其结果的可靠性程度直接取决于使用者的主观因素，使其应用受到较大限制。

（2）数学模型方法。数学模型方法是把环境要素或过程的规律，用不同的数学形式表示出来，得到反映这些规律的不同数学模型，由此就可得到所研究的要素和过程中各有关因素之间的定量关系。该方法的优点是可以得到定量的结果，有利于进行对策分析。但数学模型方法只能用于那些规律研究比较深入、有可能建立各影响因素之间定量关系的要素和过程。

（3）系统模型方法。环境系统模型就是在客观存在的环境系统的基础上，把所研究的各环境要素或过程以及它们之间的相互联系和作用，用图像或数学关系式表示出来。该方法的优点是可以给出定量的结果，能反映环境影响的动态过程。但建立系统模型是费时长、花钱多的工作。

（4）综合评价方法。综合评价是指对开发活动给各要素和过程造成的影响做一个总的估计和比较，勾画出开发活动对环境影响的整体轮廓和关系。综合评价方法目前有矩阵方法、地图覆盖方法、灵敏度分析方法等。

82. 环境影响评价工作可分为哪几个阶段？

环境影响评价工作可分为三个阶段，如图4所示。

准备阶段。主要工作为研究有关文件，进行初步的工程分析和环境现状调查，筛选重点评价项目，确定各单项环境影响评价的工作等级，编制评价工作大纲。

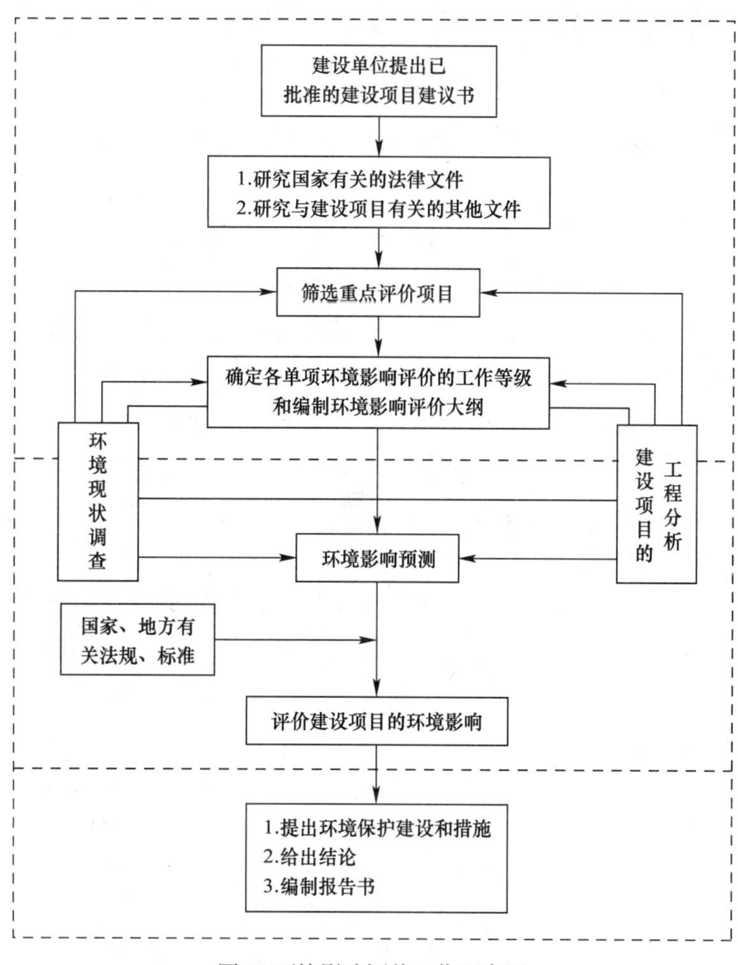

图4　环境影响评价工作程序图

正式工作阶段。主要工作为进行工程分析和环境现状调查，进行环境影响预测和评价环境影响。

报告书编制阶段。主要工作为汇总、分析上阶段工作得到的各种资料和数据，得出结论，完成环境影响报告书的编制。

应该注意的是，如通过环境影响评价对所选项目地址给出否定结论时，则对新地址的评价应重新进行。如需进行多个厂址的优选，则应对各厂址分别进行预测和评价。

83. 环境影响评价报告书一般应包括哪些主要内容?

经环境保护主管部门审查批准的环境影响评价报告书，是计划部门和建设项目主管部门审批建设项目可行性研究报告或设计任务书的重要依据；是领导部门对建设项目做出重要决策的主要依据的技术文件之一；是设计单位进行环境保护设计的重要参考文件。它对于建设单位在工程竣工后进行环境管理有重要的指导作用。因此，环境影响评价报告书的编写应符合《建设项目环境保护条例》的要求，内容全面，重点突出，实用性强。

（1）总论。①环境影响评价报告书的由来。说明建设项目立项始末、批准单位及文件、评价项目的委托、完成评价工作概况。②编制报告书的目的。结合评价项目的特点，阐述报告书的编制目的。③编制依据。评价委托合同或委托书；建设项目建议书的批准文件或可行性研究报告的批准文件；《建设项目环境保护管理条例》及地方环保部门为贯彻此办法而颁布的实施细则或规定；建设项目的可行性研究报告或设计文件；评价大纲及批准文件。④评价标准。评价标准包括环境质量标准和排放标准，并要说明执行标准的哪一类或哪一级。⑤评价范围。列出评价范围并简述评价范围确定的理由，给出评价范围的评价地图。⑥控制及保护目标。应指出建设项目中有无需要特别加以控制的污染源，有无需要重点保护的目标。

（2）建设项目概况。①建设规模。包括建设项目的名称、建设性质、厂址的地理位置、产品、产量总投资、利税、资金回收年限、占地面积、土地利用情况、建设项目平面布置（附图）、职工人数、全员劳动生产率。对扩建、改建项目，应说明原有规模。②生产工艺简介。按产品生产方案分别介绍，从原料的投入，经多少次加工，加工的性质，排放出什么污染物及数量，最终产品。应给出生产工艺流程图和重要的化学反应方程式。应说明生产工艺的先进性。对扩建、改建项目，还应对原有的生产工艺、设备及污染防治措施进行分析。③原料、燃料及用水量。应给出原料、燃料的组成成分及百分含量，列出原料、燃料及用水量的年、月、日、时的消耗量表，最好给出物料平衡图和水量平衡图。④污染物排放量清单。列出各污染源排放的污染物种类、数量、排放方式和排放去向。对扩建、技改项目，还应列出技改、扩建前后的污染物排放量清单。⑤建设项目采取的环保措施。说明建设项目拟采用的治污方案、工艺流程、主要设备、处理效果、排放是否达标，投资及运转费等。⑥工程影响环境因素分析。根据污染物排放情况及环境背景状况，分析污染物可能影响环境的各个方面，将其主要影响作为预测的重要内容。

（3）环境现状（背景）调查。①自然环境调查。评价区的地形、地貌、地质概况、评价区的水文及水文地质情况、气象与气候、土壤及农作物、森林、草原、水产、野生动物、野生植物、矿藏资源等情况。②社会环境调查。评价区内的行政区划，人口分布，人口密度，人口职业构成与文化构成；现有工矿企业的分布情况；文化教育概况；人群健康及地方病情况；自然保护区、风景游览区、名胜古迹、温泉、疗养区以及重要政治文化设施。③评价区大气环境质量现状调查。应给出大气监测点的位置（附监测点布置图）及布点理由，监测项目及选择理由，监测天数、每天监测次数、时段，采样仪器、方法及分析方法等。④地面水环境质量现状调查。给出监测断面的地理位置，每个监测断面的采样点数目及位置，监测项目及选择理由监测天数、每天采样次数。同时测量河流水文参数（水文、流速、流量、河宽、河深）。⑤地下水现状调查。给出地下水监测点的位置、监测项目、分析方法、采样时间及次数，指出地下水是潜水还是承压水。⑥土壤及农作物现状调查。给出评价地区的土壤类型、分布状况及土地利用情况。给出监测点的位置、采样方法、监测项目、分析方法。⑦环境噪声现状调查。给出环境噪声监测点的位置、监测时间、监测仪器、监测方法、气象条件、监测点处的主要噪声源。⑧评价区内人体健康及地方病调查。给出人体健康调查的区域，调查人数，性别、年龄、职业构成、体检项目、检查方法、调查结果的数理统计，污染区与对照区的比较分析等。⑨其他社会、经济活动污染、破坏环境现状调查。

（4）污染源调查与评价。①建设项目污染源预估。②评价区内污染源调查与评价。

（5）环境影响预测与评价。①大气环境影响预测与评价。②水环境影响预测与评价。③噪声环境影响预测与评价。④土壤及农作物环境影响分析。⑤对人群健康影响分析。⑥振动及电磁波的环境影响分析。⑦对周围地区的地质、水温、气象可能产生的影响。

（6）环保措施的可行性分析及建议。①大气污染防治措施的可行性分析与建议。②废水治理措施的可行性分析与建议。③对废渣处理与处置的可行性分析。④对噪声、振动等其他污染控制措施的可行性分析。⑤对绿化措施的评价及建议。⑥环境监测制度建议。

（7）环境影响经济损益简要分析。①建设项目的经济效益。②建设项目的环境效益。③建设项目的社会效益。

（8）结论及建议。①评价区的环境质量。②污染源评价的主要结论，主要污染源及主要污染物。③建设项目对评价区环境的影响。④环保措施可行性分析的主要结论及建议。⑤从三个效益统一的角度，综合提出建设项目的选址、规模、布局等是否可行。建议应包括各节中的主要建议。

（9）附件、附图及参考文献。①附件。建设项目建议书及其批复，评价大纲及其批复。②附图。只在图表特别多的报告书中另行编附图分册。③参考文献。作者、文献名称、出版单位、版次、出版日期等。

84. 大气环境影响评价工作可分为哪几个阶段？

大气环境影响评价工作大致可分为三个阶段。

（1）前期工作阶段。主要工作是研究有关文件，进行初步的环境现状调查和工程分析，确定评价工作等级和范围，编制评价大纲并报批。目前，评价大纲的评审与报批已不作为评价工作的必要环节。

（2）主体工作阶段。依据经评审（必要时需经修改）并被批准的评价大纲进行，主要包括现状调查、影响预测和影响评价三部分，其中现状调查主要针对评价区大气污染源、污染气象条件和环境质量现状等三方面开展。

（3）报告书编制阶段。主要是总结工作成果，提出环保措施建议和要求，阐明评价结论，完成环境影响报告书大气环境影响部分（章节或专题）的编写。

工作程序的主要内容大体上可按“三三制”来理解和记忆。即准备、正式工作和编制报告书三个阶段；正式工作依次包含调查、预测和评价三大部分；调查主要包括污染源、气象条件和环境质量现状三个方面。

85. 什么是ISO（国际标准化组织）和ISO14001？

ISO是国际标准化组织（International Organization for Standardization）名称的缩写。国际标准化组织是由多国联合组成的非政府性国际标准化机构。到目前为止，ISO有正式成员国120多个，中国是其中之一。每一个成员国均有一个国内标准化机构与ISO相对应。国际标准化组织1946年成立于瑞士日内瓦，负责制定在世界范围内通用的国际标准，以推进国际贸易和科学技术的发展，加强国际间经济合作。

ISO的技术工作是通过技术委员会（简称TC）来进行的。根据工作需要，每个技术委员会可以设若干分委员会（SC），TC和SC下面还可设立若干工作组（WG）。ISO技术工作的成果是正式出版的国际标准，即ISO标准。

ISO制定的标准推荐给世界各国采用，而非强制性标准。但是由于ISO颁布的标准在世界上具有很强的权威性、指导性和通用性，对世界标准化进程起着十分重要的作用，所以各国都非常重视ISO标准。许多国家的政府部门，有影响的工业部门及有关方面都十分重视在ISO中的地位和作用，通过参加技术委员会、分委员会及工作小组的活动积极参加与ISO标准制定工作。目前ISO和200多个技术委员会正在不断地制定新的产品、工艺及管理方面的标准。

环境管理体系运行模式环境管理体系围绕环境方针的要求展开环境管理。管理的内容包括制定环境方针、实施并实现环境方针所要求的相关内容、对环境方针的实施情况与实现程度进行评审并予以保持等。环境管理所涉及的管理要素包括组织结构、计划活动、职责、惯例、程序、过程和资源等，这些管理要素与企业生产管理、人事管理、财务管理类似，没有本质区别，ISO14001标准将它们系统化、结构化，提出有效可行的环境管理模式。

这一环境管理体系模式遵循了传统的PDCA管理模式：规划（Plan）、实施（Do）、检查（Check）和改进（Action），即规划出管理活动要达到的目的和遵循的原则；在实施阶段实现目标并在实施过程中体现以上工作原则；检查和发现问题，及时采取纠正措施，以保证实施与实现过程不会偏离原有目标与原则，实现过程与结果的改进提高。

86. ISO14001标准与ISO9001标准有哪些联系?

ISO9001标准已被全世界80多个国家和区域的组织所采用，为广大组织提供了质量管理和质量保证体系方面的要素、导则和要求。ISO14001标准则是对组织的活动、产品和服务的全面环境管理。

（1）相同点。都是自愿采用的管理性质的国际标准；两个标准的管理体系相似：ISO14001标准的框架、结构和内容参考了ISO9001标准中某些规定的框架、结构和内容。

（2）不同点

1）适用范围、对象和目的不同。ISO9001针对组织的产品质量，目的是指导组织通过质量体系，影响和改进质量活动的过程和控制要素，达到提高组织产品质量管理的能力。

ISO14001的对象是环境管理，其目的是要通过对组织中环境因素的控制，实现运行和不断改进环境管理体系的目的，并持续改善环境表现。

2）承诺对象不同。ISO9001标准的承诺对象是产品的消费者，它是按不同消费者的需要，以合同形式进行体现的。ISO14001标准是向相关方的承诺，受益者将是全社会，是人类的生存环境和人类自身的共同需要。这无法通过合同体现，只能通过利益相关方，其中主要是政府来代表社会的需要，用法律、法规来体现。所以ISO14001标准的最低要求是达到政府规定的环境法律、法规与其他要求。

3）审核认证的依据不同。ISO9001标准是质量管理体系认证的根本依据；而环境管理体系认证除符合ISO14001标准外，还必须结合本国相关的法律、法规及其他要求标准，如果组织的环境表现不能满足国家相关法规要求，则难以通过体系的认证。

87. ISO14001（GB/T24001）标准的主要内容有哪些？

ISO14001在我国标准系列中的编号为GB/T24001，共分六部分：前言和引言、范围、规范性引用文件、术语和定义、环境管理体系要求及附录A、B、C。“环境管理体系要求”是ISO14001标准中最核心的部分，它明确了环境管理体系的要素构成与要求。

前言和引言部分重点阐述了ISO14001标准产生的背景、性质、与旧标准的关系、修改的内容、标准的使用要求和体系运行的模式。ISO14001标准的第三部分规定了本标准的应用范围，包括本标准所要解决环境问题的范围以及适用组织的范围。标准的第五部分对本标准中使用的二十个术语进行了定义，明确说明了它们在标准中的具体内涵。

ISO14001标准中的第六部分是本标准的中心内容，规定了各类组织在建立、实施环境管理体系的最基本的要求，它是各类组织获得ISO14001认证的必要条件。深刻理解本部分内容，是掌握、运用ISO14001标准的关键。第六部分中特别是附录A是对条款内容的进一步解释与说明，避免由于理解上的偏差，导致执行上的错误。附录B是对ISO14001与ISO9000：1994要素要求的比较。附录C是文献目录。

详细内容参阅中华人民共和国国家质量监督检验检疫总局和中国国家标准化管理委员会联合发布的《环境管理体系　要求及使用指南》（GB/T24001—2004）。

88. 企业获取ISO14001证书需要经过哪些阶段？

第一阶段是建立并实施ISO14001环境管理体系阶段。

这一阶段，组织应建立并实施ISO14001环境管理体系，从形式上符合ISO14001标准的要求。

（1）要做好人、财、物方面的准备。由最高管理者书面任命环境管理者代表。最高管理者应授权建立相应的机构，并给予人力和财物方面的支持，以保证体系建立和运行的需要。

（2）要做好初始环境评审。这项工作是对组织过去和现在的环境管理情况进行评价，总结经验，找出存在的主要环境问题并分析其风险，以确定控制方法和将来的改进方向。一般来说，要做初始环境评审，先应组建由从事环保、生产、技术、设备等各方面的人员组成工作组。工作组要完成法律法规的识别和评价，环境因素的识别和评价，现有环境管理制度和ISO14001标准差距的评价，并形成初始环境评审报告。

（3）要完成环境管理体系策划工作。所谓的环境管理体系策划，就是根据初始环境评审的结果和组织的经济技术实力，制定环境方针；确定环境管理体系构架；确定组织机构与职责；制定目标、指标、环境管理方案；确定哪些环境活动需要制定运行控制程序。

（4）编制体系文件。ISO14001环境管理体系是一个文件化的环境管理体系，需编制环境管理手册、程序文件、作业指导书等。

（5）运行环境管理体系。环境管理体系文件编制完成，正式颁布，就标志着环境管理体系已经建立并投入运行。

第二阶段是认证取证阶段。

经过内审和管理评审，组织如果确认其环境管理体系基本符合ISO14001标准要求，对组织适用性较好，且运行充分、有效，可向已获得中国环境管理体系认证机构认可的委员会或有认证资格的认证机构提出认证申请并签订认证合同，进入ISO14001环境管理体系认证审核阶段。

认证审核是认证机构受组织委托，以第三方身份对组织的环境管理体系与ISO14001环境管理体系标准的符合性和运行、保持的有效性进行审核验证，并确定是否向组织发放认证证书的过程。

为接受认证机构的认证审核，组织应做好充分准备，保持体系有效运行。认证机构会派出审核组，审核组将对组织实施认证审核。认证审核包括第一阶段审核和第二阶段现场审核。在组织完成第二阶段现场审核开具的不符合纠正并经过审核组验证关闭后，机构经过认证评定，将确定是否批准组织的认证注册和颁发认证证书。

认证证书有效期三年，三年内，组织要多次接受机构的监督审核；三年后，组织要申请复审，重新注册获得证书，此过程与第一次认证取证相同。

89. 企业在建立和实施环境管理体系过程中如何进行宣传贯彻?

企业在建立和实施环境管理体系过程中，贯穿这些工作始终的另一项重要工作是全员培训，也就是体系的宣传与贯彻。建立和实施环境管理体系强调全员参与。建立和实施环境管理体系的任何一个环节，都有赖于全体人员共同努力，任何一个员工都不可能游离于体系之外，为使他们都能理解并以实际行动支持体系的建立和运行，组织必须进行充分的培训，内容从ISO14001标准，到环境方针，到适用法律法规，到个人职责，到重要环境因素，到体系文件，到作业指导书，到运行记录等。如果组织在建立和实施体系的过程中，需要人员培训和技术支持，可以向环境管理体系咨询机构寻求帮助。

《环境管理体系　要求及使用指南》（GB/T24001—2004）中是这样规定的：

组织应确保所有为它、或代表它从事可能具有重大环境影响的工作的人员，都具备相应的能力。该能力基于必要的教育、培训，或经历。组织应保存相关的记录。

组织应确定和其环境因素和环境管理体系有关的培训需求并提供培训，或采取其他措施来满足这些需求，应保存相关的记录。

组织应建立、实施并保持一个或多个程序，使为它或代表它工作的人员都意识到：

（1）符合环境方针与程序和符合环境管理体系要求的重要性。

（2）他们工作中的重要环境因素和实际或潜在的重大环境影响，以及个人工作的改进所能带来的环境效益。

（3）他们在实现与环境管理体系要求符合性方面的作用与职责。

（4）偏离规定的运行程序的潜在后果。

90. 环境管理体系的内部审核和管理评审的主要目的是什么？

正在实施环境管理体系的组织应确保按照计划的时间间隔对体系进行内部审核。内部审核的目的是判定环境管理体系是否符合组织对环境管理的预定安排和标准的要求是否得到了恰当的实施和保持。

负责内部审核的部门或者人员应该及时向管理者报告审核结果。

组织应策划、制定、实施和保持一个或多个审核方案。此时，应考虑到相关运行的环境重要性和以往的审核结果。应建立、实施和保持一个或多个审核程序，用来规定：策划和实施审核以及报告审核结果、保存相关记录的职责和要求；审核准则、范围、频次和方法。

对审核员的选择和对审核的实施均应确保审核过程的客观性和公正性。

实施环境管理体系的组织的最高管理者应按规定的时间间隔，对组织的环境管理体系进行评审，以确保它的持续适宜性、充分性和有效性。评审应包括评价改进的机会和对环境管理体系进行修改的需求，包括环境方针、环境目标和指标的修改需求。应保存管理评审记录。

管理评审的工作重点至少应包括：内部审核和合规性评价的结果；来自外部相关方的交流信息，包括抱怨；组织的环境绩效；目标和指标的实现程度；纠正和预防措施的状况；以前管理评审的后续措施；客观环境的变化，包括与组织环境因素有关的法律法规和其他要求的发展变化；改进建议。

管理评审之后，根据评审情况应对相应的环境管理体系的要素，如实现持续改进的承诺做出的工作程序决定，与环境方针、目标以及其他体系要素等进行修改。

六、清洁生产与循环经济

91. 什么是清洁生产?

1996年联合国环境规划署（UNEP）定义清洁生产是关于产品的生产过程的一种新的、创造性的思维方式。意味着对生产过程、产品和服务，持续运用整体预防的环境战略，以增加生态效率，并降低人类和环境的风险。具体地说，对生产过程，要求节约原材料和能源，淘汰有毒原材料，在生产过程排放废物之前减降废物的数量和毒性；对产品，清洁生产意味着要求减少从原材料提炼到产品最终处置的全生命周期的不利影响；对服务，要求将环境因素纳入设计和所提供的服务中。

我国从2003年1月1日起开始施行《清洁生产促进法》。此法中所称的清洁生产是指不断采取改进设计、使用清洁的能源和原料、采用先进的工艺技术与设备、改善管理、综合利用等措施，从源头削减污染，提高资源利用效率，减少或者避免生产、服务和产品使用过程中污染物的产生和排放，以减轻或者消除对人体健康和环境的危害。

清洁生产内涵丰富，可归纳为“三清一控制”，即清洁的原料与能源、清洁的生产过程、清洁的产品，以及贯穿于清洁生产的全过程控制，体现了预防性和可持续性。具体表现在产品生产中能被充分利用；无污染、少污染的能源和原材料替代毒性大、污染重的能源和原材料；最大限度地利用能源和原材料，实现物料最大限度的厂内循环；用消耗少、效率高、无污染、少污染的工艺、设备替代消耗高、效率低、产污量大、污染重的工艺和设备；用无污染、少污染的产品替代毒性大、污染重的产品；强化企业管理，减少跑、冒、滴、漏和物料流失；对必须排放的污染物，采用低费用、高效能的净化处理设备和“三废”综合利用的措施进行最终的处理和处置。除了改善管理以外，其他的所有内容都属于清洁技术。

92. 我国清洁生产制度的主要内容有哪些？

（1）清洁生产制度的适用范围。《清洁生产促进法》第3条规定：“在中华人民共和国领域内，从事生产和服务活动的单位以及从事相关管理活动的部门依照本法规定，组织、实施清洁生产。”从这一规定可以看出，我国《清洁生产促进法》的适用对象有两类：一类是从事生产、提供服务活动的单位；另一类是从事相关管理活动的部门，不包括公民个人。

按照上述规定，《清洁生产促进法》的适用范围包含了全部生产和服务领域。上述规定主要是考虑三点。其一，目前国内外对清洁生产的认识已经突破了传统的工业生产领域，农业、服务业等领域也已经开始推行清洁生产。其二，该法规定的政府职责是以支持、鼓励措施为主，这个范围宜宽不宜窄，事实上也没有必要对不同的生产领域制定不同的《清洁生产促进法》。其三，由于清洁生产的推行是一个渐进的过程，法律应当为其未来的发展留下空间，如果规定过窄，反而会对以后清洁生产的推行造成障碍。

（2）政府及其有关部门推行清洁生产的责任。《清洁生产促进法》第二章《清洁生产的推行》对政府及其有关部门明确规定了要支持、促进清洁生产的具体要求。①制定有利于实施清洁生产的财政税收政策、产业政策、技术开发和推广政策。②制定清洁生产的推行规划。合理规划本行政区域的经济布局，调整产业结构，发展循环经济，促进企业在资源和废物综合利用等领域进行合作，实现资源的高效利用和循环使用。③组织和支持建立清洁生产信息系统和技术咨询服务体系，向社会提供有关清洁生产方法和技术、可再生利用的废物供求以及清洁生产政策等方面的信息和服务。④制定并发布限期淘汰的生产技术、工艺、设备以及产品的名录。⑤根据需要批准设立节能、节水、废物再生利用等环境与资源保护方面的产品标志，并按照国家规定制定相应标准。⑥指导和支持清洁生产技术和有利于环境与资源保护的产品的研究、开发以及清洁生产技术的示范和推广工作。⑦组织开展清洁生产的宣传和培训，提高国家工作人员、企业经营管理者和公众的清洁生产意识，培养清洁生产管理和技术人员。⑧优先采购节能、节水、废物再生利用等有利于环境与资源保护的产品，通过宣传、教育等措施，鼓励公众购买和使用节能、节水、废物再生利用等有利于环境与资源保护的产品。⑨加强对清洁生产实施的监督，推进环境信息公开。

（3）对生产经营者的清洁生产要求。《清洁生产促进法》第三章《清洁生产的实施》主要规定了对生产经营者的清洁生产要求，共分为三类，包括指导性要求、自愿性要求和强制性要求。同时该法第五章《法律责任》对违反有关强制性要求的行为规定了相应的处罚。

1）指导性要求。指导性要求是对生产经营者从事清洁生产发出的倡导，不附带法律责任，主要内容包括建设活动或设计活动应当优先考虑采用清洁生产方式、企业应当按照清洁生产要求进行技术改造、普通企业的清洁生产审核等。

2）自愿性要求。自愿性要求是鼓励生产经营者自愿实施清洁生产，改善企业及其产品的形象，相应可以依照有关规定得到奖励和享受政策优惠的要求，主要内容包括：自愿签订节约资源、削减污染物排放量的协议；自愿申请环境管理体系认证。

3）强制性要求。强制性要求是生产经营者必须履行的清洁生产义务，如果不履行上述义务，则要承担相应的法律责任。

①注明产品材料成分的要求和责任。生产大型机电设备、机

动运输工具以及国务院经济贸易行政主管部门指定的其他产品的企业，应当按照国务院标准化行政主管部门或者其授权机构制定的技术规范，在产品的主体构件上注明材料成分的标准牌号。按照《清洁生产促进法》关于法律责任的规定，违反上述规定，未标注产品材料的成分或者不如实标注的，由县级以上地方人民政府质量技术监督行政主管部门责令限期改正；拒不改正的，处五万元以下的罚款。

②对建筑和装修材料的要求和责任。建筑和装修材料必须符合国家标准。禁止生产、销售和使用有毒有害物质超过国家标准的建筑和装修材料。按照关于法律责任的规定，违反上述规定，生产、销售有毒有害物质超过国家标准的建筑和装修材料的，依照《中华人民共和国产品质量法》和有关民事、刑事法律的规定，追究相关责任人行政、民事、刑事法律责任。

③对产品和包装物的强制回收的要求和责任。生产、销售被列入强制回收目录的产品和包装物的企业，必须在产品报废和包装物使用后对该产品和包装物进行回收。强制回收的产品和包装物的目录和具体回收办法，由国务院经济贸易行政主管部门制定。国家对列入强制回收目录的产品和包装物，实行有利于回收利用的经济措施；县级以上地方人民政府经济贸易行政主管部门应当定期检查强制回收产品和包装物的实施情况，并及时向社会公布检查结果。按照关于法律责任的规定，违反上述规定，不履行产品或者包装物回收义务的，由县级以上地方人民政府经济贸易行政主管部门责令限期改正；拒不改正的，处十万元以下的罚款。

④超标排放或超总量控制指标排放污染物企业的清洁生产审核的要求和责任。污染物排放超过国家和地方规定的排放标准或者超过经有关地方人民政府核定的污染物排放总量控制指标的企业，应当实施清洁生产审核。使用有毒有害原料进行生产或者在

生产中排放有毒有害物质的企业，应当定期实施清洁生产审核，并将审核结果报告所在地的县级以上地方人民政府环境保护行政主管部门和经济贸易行政主管部门。按照相关法律责任的规定，违反上述规定，不实施清洁生产审核或者虽经审核但不如实报告审核结果的，由县级以上地方人民政府环境保护行政主管部门责令限期改正；拒不改正的，处以十万元以下的罚款。

⑤公布主要污染物的排放情况的要求和责任。列入污染严重企业名单的企业，应当按照国务院环境保护行政主管部门的规定公布主要污染物的排放情况，接受公众监督。按照关于法律责任的规定，违反上述规定，不公布或者未按规定要求公布污染物排放情况的，由县级以上地方人民政府环境保护行政主管部门公布，可以并处十万元以下的罚款。

在上述二种要求中，指导性要求所占比重较大，强制性要求所占比重较小，这样制定，突出了《清洁生产促进法》是一部促进性质的立法的特点，有利于引导、规范生产经营者实施清洁生产。

（4）清洁生产的鼓励措施。《清洁生产促进法》将《鼓励措施》列为一章，其规定的鼓励措施主要有表彰奖励、资金支持、减免税务等。

93. 开展清洁生产对企业有什么重要意义？

清洁生产是一种全新的发展战略，它借助于各种相关理论和技术，在产品的整个生命周期的各个环节采取预防措施，通过将生产技术、生产过程、经营管理及产品等方面与物流、能量、信息等要素有机结合起来，并优化运行方式，从而实现最小的环境影响，最少的资源、能源使用，最佳的管理模式以及最优化的经济增长水平。

（1）开展清洁生产能实现可持续发展战略。清洁生产可大幅度减少资源消耗和废物产生，使破坏了的生态环境得到缓解和恢复，排除匮乏资源困境和污染困扰，是可持续发展的最有意义的行动，是工业生产实现可持续发展的唯一途径。对政府部门来说，它是指导环境和经济发展政策制定的理论基点；对工业企业来说，它是一个实现经济效益和环境效益相统一的方针；对公众来说，清洁生产是一个衡量政府部门和工业企业的环境表现及可持续发展的尺度。

（2）开展清洁生产能减轻末端治理的弊端，开创有效防治污染的新阶段。在粗放经营为特征的传统发展模式下，末端治理曾经作为国内外控制污染最重要的手段，对保护环境起到了一定积极的作用。清洁生产从根本上扬弃了末端治理的弊端，改变了传统的被动、滞后的先污染、后治理的污染控制模式，变被动治理为主动行动，通过生产全过程控制，采用了大量的源头削减措施，既可减少含有毒成分原料的使用量，又可提高资源、能源和原材料的转化率，减少物料流失，减少污染物的产生量和排放量，降低对环境的不利影响。

（3）开展清洁生产能提高企业市场竞争力。清洁生产提倡通过工艺改造、设备更新、废弃物回收利用等途径，实现节能、降耗、减污、增效，使原材料最大限度地转化为产品，最大限度地利用资源和能源，实现循环利用和重复利用，把污染消灭在生产过程之中，大大减少了末端的污染负荷，也节省大量环保投入，从而降低生产成本，提高企业的综合效益。

94. 实行清洁生产的原则和方法有哪些？

清洁生产是循环经济的基础。循环经济主要有三大原则，即减量化、再使用、再循环利用原则。

（1）减量化原则旨在减少进入输入端的资源和能源量，从源头节约资源和能源使用、减少污染物的排放。

（2）再使用原则旨在生产和消费过程中延长产品和服务的时间期限，提高产品和服务的利用效率。尽可能多次或多种方式地使用物品，避免物品过早地成为垃圾。如通过改进设计使产品简捷地实现升级换代，而不必更换整个产品。

（3）再循环利用原则即资源化原则是针对输出端的，要求物品完成使用功能后重新变成再生资源。以减少最终垃圾处理量，也就是通常所说的废弃物的回收与综合利用。

减量化、再使用、再循环利用的原则在循环经济中的重要性并不是并列的，而是要先减少资源和能源的输入、尽可能多次再使用各种物品、尽量减少废弃物产生，再实施废弃物循环利用；也就是说先通过实施清洁生产从源头节约资源和能源消耗、减少污染物的排放和废弃物的产生，再实施资源化利用。

清洁生产要从企业的特点出发，在产品设计、原料选择、工艺流程、工艺参数、生产设备、操作规程等方面，全面分析减少污染物产生的可能性，寻找清洁生产的机会和潜力。通过改进管理和操作、改进工艺技术、改进产品设计包装、选择更清洁的原料、组织内部物料循环，推进清洁生产的实施。实施清洁生产的主要途径有：转变观念，建立、健全法律、法规；合理布局，加强科学管理；研发清洁生产工艺、技术和装备，加强技术改造；减少废物的产生和排放，实现物料最大限度的循环；把好原料、能源选择关，重视和改进产品设计，防止对环境的危害；发展环境保护技术，搞好末端处理。

95. 什么是企业的清洁生产评价？

要正确评价企业自身清洁生产水平和取得的成果、了解企业清洁生产潜力、促进企业积极主动地投入清洁生产工作中来，就需要对各企业进行科学客观的评价。为此，制定和实施符合我国当今环境管理水平的清洁生产评价指标和评价方法，对推进我国清洁生产具有重要的理论意义和深远的现实意义。

清洁生产的评价指标是指国家、地区、部门和企业，根据一定的科学技术、经济条件，在一定时期内规定的清洁生产所必须达到的具体目标和水平，是对清洁生产技术方案进行筛选的客观依据，是清洁生产审计活动中最为关键的环节。评价指标既是管理科学水平的标志，也是进行定量比较的尺度。

清洁生产技术方案根据被评价技术所处的行业、生产的产品和所使用的原料确定其评价指标体系。评价指标体系包括经济指标、技术指标和环境指标三个方面。评价指标可分为六大类，包括生产工艺与装备要求、资源能源利用指标、产品指标、污染物产生指标、废物回收利用指标、环境管理指标。指标制定一般依据相对性、定量化、污染预防和生命周期评价的基本原则，突出清洁生产技术与现有的生产技术比较评价。清洁生产指标的范围主要反映出项目实施过程中所使用的资源量及产生的废物量，包括使用能源、水或其他资源的情况，通过对这些指标的评价，反映出建设项目通过节约和更有效的资源利用，以达到保护自然资源的目的。应尽量选择容易量化的指标项，使之具有可操作性。在评价过程中，既要考虑对生产过程和产品的使用阶段进行评价，还应对生命周期各阶段所涉及的各种环境性能做尽量全面的考察和分析。

96. 什么是循环经济？其与清洁生产有着怎样的关系？

循环经济是指生产、流通和消费等过程中进行的减量化、再利用、资源化活动的总称。循环经济是推进可持续发展战略的一种优选模式，它强调以循环发展模式替代传统的线性增长模式，表现为以“资源—产品—再生资源”和“生产—消费—再循环”的模式有效地利用资源和保护环境，最终达到以较小发展成本获取较大的经济效益、社会效益和环境效益的目的。

清洁生产是循环经济的基石，循环经济是清洁生产的扩展。在理念上，它们有共同的时代背景和理论基础；在实践中，它们有相同的实施途径，应相互结合。清洁生产和循环经济的相同之处主要体现在：这两个概念的提出都基于相同的时代要求，推行清洁生产和循环经济是当前工业高度发达面临环境难题的解决方法之一；两者都是以工业生态学作为理论基础的，最终目标都是实现工业生态化，谋求社会和自然的和谐共存、技术圈和生物圈的良好兼容；两者有着共同的实现途径，即资源消耗削减和原料的重复循环使用。

清洁生产与循环经济两者最大的区别是在实施的层次上。在企业层次实施清洁生产就是小循环的循环经济，一个产品、一台装置、一条生产线都可以采用清洁生产方案，在工业园区、行业或者城市层次上，同样可以实施清洁生产。而广义的循环经济由于覆盖的范围较大，链接的部门较广，涉及的因素也多，见效的周期较长，不论是哪个单独的部门恐怕都难以担当这项筹划和组织的工作。

就实际运行而言，在推行循环经济的过程中，需要解决一系列技术问题，清洁生产为此提供了必要的技术基础。特别值得注意的是，推行循环经济，技术上的前提是产品的生态设计，没有产品的生态设计，循环经济只能是一个口号，而无法变为现实。

97. 我国循环经济基本管理制度有哪些内容?

（1）编制循环经济发展规划。循环经济发展规划是国家对循环经济发展目标、重点任务和保障措施等进行安排和部署的指导性文件。循环经济发展规划的内容主要包括规划目标、适用范围、主要内容、重点任务和保障措施以及资源产出率、废物再利用和资源化率等指标。

（2）实行总量控制。《循环经济促进法》规定，县级以上地方人民政府应当依据上级人民政府下达的本行政区域主要污染物排放、建设用地和用水总量控制指标，规划和调整本行政区域的产业结构，促进循环经济发展；新建、改建、扩建建设项目，必须符合本行政区域主要污染物排放、建设用地和用水总量控制指标的要求。

（3）建立和完善循环经济评价指标体系。为进一步强化政府发展循环经济的责任，《循环经济促进法》规定，国务院循环经济发展综合管理部门会同国务院统计、环境保护等有关主管部门建立和完善循环经济评价指标体系。上级人民政府根据规定的循环经济主要评价指标，对下级人民政府发展循环经济的状况定期进行考核，并将主要评价指标的完成情况作为对地方人民政府及其负责人考核评价的内容。

（4）确立生产者责任延伸制度。在传统的法律领域，产品的生产者只对产品本身的质量承担责任。生产者责任延伸制度就是将生产者单纯的产品质量责任依法延伸到产品废弃后的回收、利用、处置环节，相应对其产品设计和原材料选用等提出更高的要求。生产者责任延伸限于在技术上和经济上可行的范围内。对此，《循环经济促进法》做了规定。①生产列入强制回收名录的产品或者包装物的企业，必须对废弃的产品或者包装物负责回收；对其中可以利用的，由各生产企业负责利用；对因不具备技术经济条件而不适合利用的，由各生产企业负责无害化处置。②对上述规定的废弃产品或者包装物，生产者委托销售者或者其他组织进行回收的，或者委托废物利用或者处置企业进行利用或者处置的，受托方应当依照有关法律、行政法规的规定和合同的约定负责回收或者利用、处置。③对列入强制回收名录的产品和包装物，消费者应当将废弃的产品或者包装物交给生产者或者其委托回收的销售者或其他组织。④强制回收的产品和包装物的名录及管理办法，由国务院循环经济发展综合管理部门规定。

（5）对耗能、耗水总量大的重点企业实行重点监督管理。我国目前正处在工业化加速发展的时期，钢铁、有色金属、煤炭、电力、石油加工、化工、建材、建筑、造纸、印染等主要工业行业资源消耗高、资源利用效率低、污染物排放量大，其中的大企业在资源消耗中又占很大比重。为了保证节能减排的各项规划目标得以实现，《循环经济促进法》规定，国家对钢铁、有色金属、煤炭、电力、石油加工、化工、建材、建筑、造纸、印染等行业年综合能源消费量、用水量超过国家规定总量的重点企业，实行能耗、水耗的重点监督管理制度。重点能源消费单位的节能监督管理，依照《中华人民共和国节约能源法》的规定执行。重点用水单位的监督管理办法，由国务院循环经济发展综合管理部门会同国务院有关部门规定。

（6）建立、健全能源统计制度和循环经济标准体系。建立、健全能源统计制度和循环经济标准体系是减量化、再利用和资源化相关法律规定实施的前提和基础。《循环经济促进法》规定，建立、健全循环经济统计制度，加强资源消耗、综合利用和废物产生的统计管理，并将主要统计指标定期向社会公布，国务院标准化主管部门会同国务院循环经济发展综合管理和环境保护等有关部门建立、健全循环经济标准体系，制定和完善节能、节水、节材和废物再利用、资源化等标准。

98. 我国循环经济制度的再利用和资源化有哪些内容？

《循环经济促进法》所称的再利用，是指将废物直接作为产品或者经修复、翻新、再制造后继续作为产品使用，或者将废物的全部或者部分作为其他产品的部件予以使用；该法所称的资源化，是指将废物直接作为原料进行利用或者对废物进行再生利用。按照《循环经济促进法》的规定，再利用和资源化的主要内容包括四个方面。

（1）各类产业园区再利用和资源化的要求。包括：①县级以上人民政府应当统筹规划区域经济布局，合理调整产业结构，促进企业在资源综合利用等领域进行合作，实现资源的高效利用和循环使用。②各类产业园区应当组织区内的企业进行资源综合利用，促进循环经济发展。③国家鼓励各类产业园区的企业进行废物交换利用、能量梯级利用、土地集约利用和水的分类、循环使用，共同使用基础设施和其他有关设施。

（2）企业余热、余压的综合利用要求。企业应当采用先进或者适用的回收技术、工艺和设备，对生产过程中产生的余热、余压等进行综合利用。建设利用余热、余压、煤层气以及煤矸石、煤泥、垃圾等低热值燃料的并网发电项目，应当依照法律和国务院的规定取得行政许可或者报送备案。电网企业应当按照国家规定，与综合利用资源发电的企业签订并网协议，提供上网服务，并全额收购并网发电项目的上网电量。违反《循环经济促进法》上述规定，电网企业拒不收购企业综合利用资源生产的电力，造成企业经济损失的，应当赔偿损失，并由国家电力监管机构责令限期改正。

（3）废物的回收与利用。①国家支持生产经营者建立产业废物交换信息系统，促进企业交流产业废物信息。企业对生产过程中产生的废物不具备综合利用条件的，应当提供给具备条件的生产经营者进行综合利用。②国家鼓励和推进废物回收体系建设。地方人民政府应当按照城乡规划，合理布局废物回收网点和交易市场，支持废物回收企业和其他组织开展废物的收集、储存、运输及信息交流。③县级以上人民政府应当统筹规划建设城乡生活垃圾分类收集和资源化利用设施，建立和完善分类收集和资源化利用体系，提高生活垃圾资源化率。④县级以上人民政府应当支持企业建设污泥资源化利用和处置设施，提高污泥综合利用水平，防止产生再次污染。

（4）对再利用、再制造和翻新产品的要求。对废电器电子产品、报废机动车船、废轮胎、废铅酸电池等特定产品进行拆解或者再利用，应当符合有关法律、行政法规的规定。回收的电器电子产品，经过修复后销售的，应当符合再利用产品标准，并在显著位置标注为再利用产品。回收的电器电子产品，需要拆解和再生利用的，应当交售给具备条件的拆解企业。销售的再制造产品和翻新产品的质量应当符合国家规定的标准，并在显著位置标注为再制造产品或者翻新产品。违反上述规定，销售没有再利用产品标志的再利用电器电子产品，或者销售没有再制造或者翻新产品标志的再制造或者翻新产品的，由地方人民政府工商行政管理部门责令限期改正，可以处以5 000元以上5万元以下的罚款；逾期不改正的，依法吊销营业执照；造成经济损失的，应当赔偿损失。

此外，循环经济促进法还对工业废物的综合利用、企业用水的循环利用和再生利用、建筑废物的综合利用、农业和林业废物的综合利用提出了原则要求。

99. 什么是可持续发展理论?

可持续发展是20世纪80年代提出的新概念。1987年世界环境与发展委员会在《我们共同的未来——从一个地球到世界》中第一次阐述了可持续发展的概念，得到了国际社会的广泛认同。挪威首相布伦兰特夫人提出："可持续发展是指既满足当代人的需求，又不对后代人满足其自身需求的能力产生威胁的发展。"这一个定义表达了两个基本观点：一是可持续发展强调人类发展；二是发展必须兼顾自然、社会、生态、经济等各个系统之间的平衡，要有限度，不能以牺牲环境为代价，不能危及后代人的发展。

后来人们又从不同的角度给可持续发展下了定义。

（1）从自然属性上阐述。生态学家所关注的是生态持续性，提出可持续发展就是保持自然资源再生能力和开发利用程度之间的平衡。

（2）从社会属性上阐述。该定义是1991年世界自然保护同盟（FVCN）、联合国环境规划署（UNEP）和世界野生生物基金会（WUF）共同提出的，它是以人类社会的进步、发展为目标，即强调人类的生活、生产方式与地球的承载力相协调，并最终落脚于促进人类生活质量和生活环境的改善。

（3）从经济属性上阐述。经济学家理解的可持续发展是将经济的发展作为其核心内容，从经济发展的资源支撑上理解可持续发展。他们认为可持续发展就是不降低环境质量和不破坏世界自然资源基础的经济发展。

1992年联合国环境与发展大会的《里约宣言》对可持续发展进一步阐述为："人类应享有与自然和谐的方式过健康而富有成果的生活权利，并公平地满足今后世代在发展和环境方面的需要，求取发展的权利必须实现。"我国的可持续发展战略研究专家认为，可持续发展一词比较完整的定义是："不断提高人群生活质量和环境承载力的、满足当代人需求又不损害子孙后代满足其需求能力的、满足一个地区或一个国家的人群需求又不损害别的地区或别的国家的人群满足其需求能力的发展。"

综上所述，可持续发展是一种从环境和自然资源角度提出的关于人类长期发展的战略和模式，它不是一般意义上所指的发展进程要在时间上连续运行、不被中断，而是特别强调环境和自然资源的长期承载能力对发展进程的重要性以及发展对改善生活质量的重要性。可持续发展从理论上结束了长期以来把经济发展同保护环境与资源相对立起来的错误观点，并明确指出了它们应当是相互联系和互为因果的。

100. 人类未来可利用的清洁新能源主要有哪些?

随着经济的发展，能源的消耗量迅速增长，能源问题成为经济发展中的突出问题，因此，新能源的开发成为当务之急。以下是人类看好的，有着乐观的使用前景并对环境保护有促进作用的主要新能源：

（1）风能。风是由于空气的流动而形成的，风具有能量，是一种天然能源。风能蕴藏量丰富，可以再生，永不枯竭，没有污染，随处都可以开发利用。风的能量很大，全世界每年燃烧煤炭得到的能量还不到一年内刮风能量的1%。风能是地球上可利用的重要能源之一。风能的突出弱点是密度低、不稳定、地区差异大。但是，在重视环境保护的时代，使用风能这种绿色能源，对改善地球生态环境、减少空气污染有着非常积极的意义。

（2）水流能。水的流动（河流、潮汐）也能提供可利用的能量。利用水流来发电，是把水流的机械能转化为电能。现在水力发电的技术已经十分成熟。我国有丰富的水力资源，已经建设了很多水力发电站，如三峡工程、小浪底工程等。水流能也是可再生能源。

（3）太阳能。太阳辐射到地球的能量是巨大的，对于人类来说，太阳能是取之不尽、用之不竭的。同时太阳能也是一种清洁能源，它的利用不污染环境。

（4）生物质能。由生物体产生的能量就是生物质能。生物质能是以化学能源形式储存在生物体中的太阳能，来源于植物的光合作用。地球上的植物进行光合作用所消费的能量，占太阳照射至地球总辐射量的0.2%。虽然比例很小，但它是目前人类能源消费总量的40倍。可见，生物质能是一个巨大的能源，是仅次于煤、石油、天然气的第四位能源。

生物质能主要来源于柴薪、人畜粪便、城市垃圾和水生植物等。除柴薪可以直接燃烧外，利用生物质能的技术还有沼气生产、酒精制取、人造石油的制造、生物质能发电等。现在全世界家用沼气池大约有530万个，中国占了其中的92%。农村沼气的主要填料是秸秆、牲畜粪便、污泥和水。建立以沼气为中心的农村新能源和物质循环系统，在解决我国农村能源方面具有巨大潜力。我国许多现代化的农村，由于很好地开发了沼气的生产和利用，不仅提高了当地群众的生活质量，改善了农田，还很好地保护了生态环境，形成了农业生产的良性循环。

（5）核能。核能是重核裂变或轻核聚变时所释放出的巨大能量。核电站就是利用核能发电的。目前，我国浙江秦山核电站和广东大亚湾核电站已经运行发电，几个新的核电站正在积极建设之中。建造核电站时需要特别注意的一个问题是防止放射线和放射性物质的泄漏，以避免射线对人体的伤害和放射性物质对水源、空气和工作场所造成放射性污染。

（6）氢能。氢和其他能源载体（如电、蒸汽等）相比，具有更多的优势。电、热和氢的最大差别在于氢气可以大规模储存，而且储存方式多种多样。氢既可以像天然气一样，以气体的形式储存在压力容器中，也可以方便地储存在金属合金中，当然还可以以液体的形式储存。更新更有效的储氢方法有待继续开发。所有这些，使氢能在未来可再生能源体系中处于非常重要的位置，氢能是最环保的能源。利用低温燃料电池，通过电化学反应将氢转化为电能、热能和水，不排放二氧化碳和氮氧化物，没有任何污染。氢使用时和氧化合生成水，而水又可电解转化成同样数量的氢和氧，对大气中氧的浓度没有影响。氢—水—氢如此循环，永无止境，所以“氢矿”不会枯竭。从长远看，人类的能源既可以像太阳一样，来自核聚变，也可以来自地球上的可再生能源，而这两者都与氢密不可分。在核聚变中，氢同位素参加反应，在可再生能源中，氢以能源载体的形式为人类服务。由于氢具有以上特点，所以氢能同时满足资源、环境和经济持续发展的要求，可以无限期地为人类所用。